biblioteca méxico:
actualidad y perspectivas

COORDINADA POR
PABLO GONZÁLEZ CASANOVA

ÍNDICE

PRÓLOGO

A fines de 1986, El Colegio Nacional organizó y llevó a cabo en su sede un ciclo de conferencias intitulado "El Uso de la Información Científica en México". Participaron en ese ciclo un grupo de distinguidos científicos universitarios, varios de ellos miembros de El Colegio. Quiero agradecer una vez más a los participantes haber aceptado la invitación no obstante sus ocupadas agendas, así como haber dedicado tiempo adicional a la preparación de sus manuscritos, que constituyen el presente volumen.

Como podrá apreciar el lector, cada uno de los autores interpretó el tema del ciclo a su muy personal manera, diversidad que enriquece el contenido del volumen sin por ello alejarse demasiado del interés común. De todas maneras, puesto que el tema original del ciclo de conferencias mencionado resultó ser demasiado estrecho para contener las preocupaciones adicionales incluidas por varios autores, decidimos cambiar el título.

El tema general del ciclo fue sugerido por el doctor Pablo González Casanova, director del Centro de Investigaciones Interdisciplinarias en Humanidades de la Universidad Nacional Autónoma de México, como parte de un extenso programa de actividades académicas. Agradezco al doctor González Casanova su amable y sostenido interés en el desarrollo del ciclo de conferencias y en la edición de este libro. El doctor Luis Estrada, director del Centro Universitario de Comunicación de la Ciencia, revisó el manuscrito e hizo valiosas sugerencias, por lo que le expreso mi cordial y profundo agradecimiento.

Finalmente, mi secretaria editorial, la señorita Aída García, escribió con consumada eficiencia e inalterable buen humor la copia final del manuscrito, tradujo y frecuentemente mejoró mis notas a los varios textos, que por cierto fueron muy pocas.

RUY PÉREZ TAMAYO

EL USO DE LA INFORMACIÓN CIENTÍFICA EN MÉXICO: LA FÍSICA

FERNANDO E. PRIETO*

INTRODUCCIÓN

Cuando recibí la invitación para participar como expositor en este ciclo de conferencias, acepté de inmediato. Cómo no hacerlo si la invitación venía extendida por nuestro buen amigo Ruy Pérez Tamayo. Además, el tema general sobre el uso de la información científica en México y el propósito de buscar respuestas a la pregunta: ¿se conocen y se usan en México las investigaciones científicas realizadas por mexicanos? me parecieron muy interesantes, casi provocativos. Pero cuando comencé a pensar en cómo desarrollar el tema que se me encargó, comenzaron también mis dudas. Lo de "realizadas por mexicanos" no tiene dudas de interpretación, pero lo de "ciencia mexicana" me puso ya sobre aviso, pues pienso que la ciencia, como tal, no tiene nacionalidad. Éste fue sólo el principio de mis dudas de interpretación, aunque también aquí encontré una salida fácil recurriendo al consabido "hecho en México por mexicanos". Otras preguntas vinieron sin embargo a mi mente: para los propósitos de este ciclo de conferencias, ¿qué significa conocer, qué se entiende por usar? Lo que dice el diccionario no ayuda mucho. *Conocer*: tener idea o noción de alguna cosa. *Utilizar*: aprovecharse de una cosa. *Usar*: hacer servir una cosa para algo. *Algo*: pronombre indefinido con el que se designa una cosa que no se quiere o no se puede nombrar. A final de cuentas decidí que

*Instituto de Física, Universidad Nacional Autónoma de México.

el mandato que se me había dado, o yo no lo había entendido bien, o no estaba claro y quedaba en consecuencia sujeto a mi interpretación.

Tuve también dudas en lo que se refiere a las diferentes alternativas para preparar esta plática: viajar, visitar instituciones en las que se hace física, preguntar, tener entrevistas, leer, documentarme, pensar. Me inclinaba por las primeras alternativas, pero el factor tiempo fue decisivo para adoptar las últimas. Quedaba finalmente por decidir la información a incluir y cómo hacer la exposición. Se presentaban nuevamente varias alternativas: aceptar, en ausencia de definiciones precisas, lo que se entiende en la práctica por conocer, por utilizar, por usar; tal vez ir un poco más lejos y plagar mi texto con citas de lo que otros autores creen; hacer una presentación de tipo enciclopédico lleno de cifras y estadísticas, o bien una presentación de tipo más general; limitarme a informar, o hacer al mismo tiempo una apreciación crítica tanto de hechos como de situaciones y problemas.

Como ustedes se darán cuenta a lo largo de esta plática, lo que decidí finalmente fue dar al mandato mi propia interpretación: hacer una presentación muy sencilla del tema que se me encargó, sin pretensiones enciclopédicas o estadísticas; plantear mi actitud frente al tema, ser alternativamente informador y crítico, y hablarles con entera libertad de todo lo que se me ocurra que pueda estar relacionado con el mandato. Sobre la base de que todos los expositores fuimos invitados como personas, no como representantes, queda claro desde luego que la responsabilidad de lo que aquí diga es mía. Dejo a ustedes la tarea de asentir, disentir, discrepar, opinar, en fin, todos los verbos que quieran ustedes agregar a esta lista.

QUIÉNES LA HACEN

Sin pretender entrar en definiciones controvertibles y polémicas, creo que podemos estar de acuerdo en que, para los propósitos de esta plática, la física es lo que hacen los físicos (y las físicas) y algunos ingenieros y químicos, y en general cualquiera que se ocupe de alguna manera de esa ciencia. Entre los físicos, como sucede en otras disciplinas, podemos distinguir tres niveles o grados que reflejan de alguna manera los estudios hechos y la experiencia acumulada: la licenciatura, la maestría y el doctorado.

Para comprender mejor la problemática referente al uso de la física hecha en México por mexicanos, es conveniente tener en cuenta el desarrollo de la comunidad científica de investigadores en la rama de la física, desde sus inicios hasta nuestros días. También habrá que considerar el compromiso entre la libertad de investigación y las propiedades de las fuentes externas que apoyan a la institución en la que hace física un investigador o un profesor. Esta última aclaración viene al caso porque en muchas de las universidades e institutos de enseñanza superior, por razones tal vez de índole histórica que no viene al caso analizar ni mucho menos enjuiciar, el nombramiento es de profesor o de investigador según que la dependencia de adscripción sea una facultad o un instituto. En todas ellas se hace investigación, llámense instituto o facultad; en todas ellas se hace docencia, llámense facultad o instituto.

EN DÓNDE LA HACEN

Queda entendido que de ahora en adelante todo lo que diga se refiere a México, de modo que no insistiré en aquello de "en México" o "en nuestro país". Voy entonces a hacer algunos comentarios sobre los lugares en los que se hace investigación en física. Por principio de cuentas se puede afirmar que éstos son de índole muy diversa y que su número no es nada despreciable. Se encuentran entre ellos la UNAM, el IPN, el Cinvestav y la UAM, citándolos, para no herir susceptibilidades, en el orden cronológico de su creación. Están también algunas universidades privadas y prácticamente todas las universidades de los estados. Bueno, tal vez la mitad de todas. Hay también centros de investigación asociados con dependencias gubernamentales o descentralizadas; los hay privados y algunos asociados con industrias específicas, tal es el caso por ejemplo del Instituto Mexicano del Petróleo, o del Instituto de Investigaciones Eléctricas. Es evidente que el uso que se hace actualmente de la física, y el que se pueda hacer en el futuro, dependen fuertemente del grado de desarrollo alcanzado. Estoy hablando aquí del desarrollo logrado a lo largo de 50 años de actividades en el campo de la investigación científica en física. Permítaseme hacer aquí un breve paréntesis histórico.

En un principio fueron aquellos a quienes podríamos llamar "entusiasmadores"; aquellos que, ya fuertemente motivados, supieron también motivar a quienes los siguieron. No puedo mencionar a todos, son demasiados, pero tampoco puedo dejar de mencionar a Sotero Prieto, Alfonso Nápoles Gándara, Carlos Graef, Alberto Barajas, Javier Barros Sierra, Ricardo Monges López y, en un lugar muy especial, Manuel Sandoval Vallarta. Fueron algunos de los iniciadores, algunos de los que con su esfuerzo y convicción lograron en la UNAM la creación de la Facultad de Ciencias y del Instituto de Física, que habrían de convertirse con los años en semillero de investigadores y en generadores de muchas de las instituciones en las que se hace actualmente investigación en física.

Al Instituto de Física y a la Facultad de Ciencias siguieron otros centros de investigación. Este proceso no fue casual; es el modo natural como se generan y crecen las comunidades científicas. Así, pues, se crearon más y más instituciones, el Instituto de Geofísica entre ellas. Lo menciono en especial para completar la trilogía en la obra de un visionario, como lo fue don Ricardo Monges López. Aunque poco conocido y menos reconocido, don Ricardo fue, sin embargo, alguien de quien puede decirse —parafraseando aquella célebre frase de Winston Churchill— "Nunca tantos debieron tanto a una sola persona".

Algunos centros de investigación se han orientado, desde su creación, más hacia el uso que hacia la generación de nuevos conocimientos en física. Esto no impide que, cuando lo consideran conveniente, apoyen proyectos de investigación orientada hacia la generación de nuevos conocimientos, ya sea entre sus propios investigadores o en colaboración con otras instituciones.

QUÉ HACEN

La pregunta ¿qué hacen los físicos? se me ocurre contestarla con otra pregunta: ¿qué no hacen? En efecto, las actividades de la comunidad de físicos, en su conjunto, cubren un espectro muy amplio en prácticamente todas las ramas de la física y ciencias afines. De un modo muy general puede decirse que las actividades de los físicos son enseñar, investigar y usar el resultado de esas investigaciones. Al enseñar, la comunidad de físicos se expande; al investigar; éstos expanden la física como ciencia; al usar los resultados de esas investigaciones, las dos actividades antes mencionadas devienen beneficiarias de sectores más amplios de la sociedad.

Sin pretender ser exhaustivo, voy a mencionar algunos, muchos, quizá demasiados campos y áreas en los que se está haciendo actualmente investigación. En todos los casos suprimiré la palabra física, para no repetirla innecesariamente docenas de veces: aceleradores, acústica, aleaciones, altas presiones, astrofísica, atómica, bajas temperaturas, catálisis y catalizadores, celdas solares, de fluidos, de superficies, electrónica, energía solar, estado sólido, geofísica, gravitación, hidrología, laser, mecánica, mecánica cuántica, mecánica estadística, meteorología, metrología, molecular, nuclear, óptica, partículas elementales, películas delgadas, plasmas, polímeros, procesamiento de imágenes, propiedades de metales, radioisótopos y trazadores radiactivos, relatividad, semiconductores, teórica. La lista podría continuar casi indefinidamente.

CÓMO SE DA A CONOCER

A menos que se trate de investigación con orientación abierta o veladamente militar, o bien de giro industrial y con ciertas probabilidades de comercialización, toda investigación científica termina dándose a conocer, ya sea en su conjunto o al terminar cada una de sus diferentes fases. De hecho, para un investigador es cada vez más necesario dar a conocer los resultados de su trabajo. No se trata solamente de ostentar ante propios y extraños que ha trabajado, no se trata solamente de demostrar que ha cumplido. El asunto está relacionado, además, con otro tipo de estímulos que motivan fuertemente a un investigador a no permanecer en la oscuridad. Es enfrentarse a la crítica nacional e internacional. Es el camino hacia el reconocimiento académico y social. Es la llave que abre las puertas hacia categorías cada vez más altas dentro del escalafón de profesores e investigadores y hacia el apoyo necesario para continuar con sus trabajos. Es cierto que hay investigadores que cumplen, que trabajan, que descubren, pero que por un perfeccionismo extremo nunca están satisfechos con sus resultados, entonces posponen una y otra vez o evitan de plano darlos a conocer. Hay también los desesperadamente curiosos que atacan un problema, trabajan concienzudamente durante meses o años y, una vez que lo han resuelto, una vez satisfecha su curiosidad, consideran absurdo e innecesario perder el tiempo dándolos a conocer; prefieren atacar de inmediato un nuevo problema que ha despertado su curiosidad. Creo que todos conocemos o hemos conocido a investigadores de estos dos tipos. Por fortuna, son cada vez más raros, esto es, el medio y la comunidad científica los han obligado a cambiar.

Los caminos de que dispone un investigador para dar a conocer los resultados de su trabajo son muchos y de índole muy diversa. Es cuestión de escoger y, además, con mucha frecuencia se siguen varios de estos caminos, ya sea simultáneamente o en secuencia más o menos continua. Mencionaré algunos de estos caminos porque es algo que está muy relacionado con la utilización de los resultados de las investigaciones. He aquí la lista:

a] Reportes internos (de circulación generalmente muy restringida, un buen camino para abrir los trabajos a los comentarios y a la crítica).

b] Artículos científicos publicados en los anuarios de alguna institución (de circulación más amplia que los reportes internos y suficiente en muchas instituciones como justificación de la labor de un investigador).

c] Publicaciones en revistas científicas nacionales (de circulación más amplia que las anteriores, pero que generalmente no llega a los medios científicos internacionales en donde esos trabajos pudieran ser de interés).

d] Publicación en revistas científicas internacionales (el más reconocido, el más eficaz de los caminos para dar a conocer a la comunidad científica nacional e internacional el resultado de las investigaciones, cualquiera que sea su índole; es también el camino más difícil).

e] Conferencias y seminarios internos en las instituciones (muy restringidos en su asistencia por falta de información oportuna y adecuada; sería conveniente hacer algo al respecto).

f] Presentación de trabajos científicos en congresos nacionales e internacionales (complemento o anuncio de la publicación de los resultados de una investigación; el público está casi siempre formado por físicos, aprendices de físico, acompañantes y curiosos; con mucha frecuencia los asistentes son en su mayoría especialistas en áreas particulares de la física).

g] Publicación en revistas de divulgación (muy necesaria para dar a conocer los resultados de las investigaciones a sectores más amplios y no necesariamente especializados; requiere también mucho esfuerzo y es al mismo tiempo uno de los más ingratos y menos reconocidos de los caminos abiertos a la información; éste es un punto sobre el cual nos conviene reflexionar, analizar, proponer y, sobre todo, tratar de cambiar actitudes).

h] Conferencias de divulgación (con los mismos comentarios que para las publicaciones de divulgación; en cuántas ocasiones nos hemos encontrado, después de horas y horas de trabajo para preparar una conferencia de divulgación, con asistencia muy escasa por falta de propaganda suficiente y adecuada, con que la publicación del correspondiente artículo de divulgación casi nunca se considera al evaluar un currículum, o bien con una conferencia que no llega a publicarse por su modalidad, por el modo de presentarla o porque el investigador prefiere no invertir más tiempo en una actividad considerada secundaria).

Dentro de esta ya larga lista de posibilidades para dar a conocer los resultados de las investigaciones hay que mencionar también las tesis, en especial las de maestría y doctorado. Son casi siempre un requisito para obtener el grado, pero son también un camino, un procedimiento de información. Con mucha frecuencia van asociadas a una publicación en revistas internacionales y ocasionalmente culminan en la publicación como libro.

Creo que ya es suficiente. Es indudable que los caminos de información son muchos y muy variados, pero es indudable también que cada uno de esos medios de información está dirigido a usuarios de diferentes tipos, a sectores distintos dentro de la comunidad académica o de la sociedad en general. Esto habrá que tenerlo muy en cuenta al comentar el uso que se hace de los resultados de las investigaciones. También es conveniente preguntarnos si estos caminos son suficientes como procedimientos de información, si podemos mejorarlos, si podemos estimularlos y encontrar la manera de hacer llegar la información a aquellos sectores de la sociedad que pudieran eventualmente estar interesados en hacer uso de esos resultados.

En general, los investigadores y las instituciones en las que se hace investigación en física hacen uso de más de uno de estos caminos para dar a conocer los resultados de sus investigaciones. Es claro, por otra parte, que el tipo de institución y el carácter particular de cada investigación son determinantes en lo que se refiere a los procedimientos de información que se acostumbra seguir. Por ejemplo, los resultados de una investigación sobre las propiedades físicas y químicas de algunas muestras seleccionadas de un manto petrolífero en la costa del golfo de México son de tipo muy diferente a los de otra investigación sobre la influencia de la presión como factor inhibidor o catalizador de un cierto tipo de reacciones químicas. En ambos casos se deberá informar de los resultados de esas investigaciones, pero la primera de ellas tiene un carácter más local, su interés es más particular y mucho más restringido; es muy posible que un reporte interno, de circulación restringida a algunas personas, direcciones y gerencias del IMP y de Pémex, por ejemplo, sean suficientes como procedimiento de información. El segundo caso, el de la presión, tiene un carácter más general, está dirigido a un sector más amplio de la comunidad científica y es muy factible que los resultados se den a conocer en un reporte interno, seguido de un seminario, una o varias publicaciones en revistas nacionales o internacionales y aun la presentación en algún congreso especializado.

CÓMO SE USA

Ha llegado el momento de comentar cómo se usan los resultados de las investigaciones. Para comenzar quiero manifestar mi convicción de que los resultados de toda investigación científica siempre se usan. Esto no lo dudo. Fíjense que no lo pongo en interrogativo. Es cuestión de matices. Es simplemente fijar las reglas del juego, ponerse de acuerdo en el significado que se le va a dar al verbo usar en este contexto. Yo ya me puse de acuerdo conmigo mismo. Lo difícil será tal vez que algunos de ustedes estén también de acuerdo con mi modo de pensar. Repito, estoy firmemente convencido de que los resultados de toda investigación científica siempre se usan. Una afirmación tan drástica como la que acabo de hacer implica necesariamente que estoy dando al verbo usar una acepción muy amplia, tan amplia que todo se puede aceptar como uso; implica también la necesidad de jerarquizar el término, de matizarlo, de poner de manifiesto en toda su amplitud la acepción que se está dando al verbo. Trataré, pues, de hacer algo semejante a lo que hice en el caso de los canales de información, esto es, hacer un listado, tan amplio como se pueda, de canales de utilización y de usuarios.

Según los objetivos y los usos más o menos inmediatos que puedan tener los resultados de una investigación científica y dependiendo también del tipo de usuarios, se habla de investigación científica pura o básica, de investigación aplicada o tecnológica, de investigación oricntada. Sus primeros usuarios son los propios investigadores que han realizado la investigación y que la toman como punto de partida de otra investigación. Esos mismos resultados son o pueden ser usados por otros investigadores cuando les llega la información por los medios habituales. Eventualmente el interés puede extenderse a sectores más amplios de la sociedad, especialmente cuando funcionan bien los canales de información y de divulgación científica, o cuando se ve la posibilidad de que los resultados de esa investigación tengan aplicaciones o usos de tipo más práctico.

Una característica de la investigación básica es que conlleva en general una idea más o menos clara del problema que se quiere atacar, se conoce también el momento en que la investigación da principio, pero es muy difícil asegurar con anticipación los resultados que puedan obtenerse y es aún más difícil fijar fechas de calendario y hacer una ruta crítica del desarrollo de la investigación. Esto dificulta a veces la obtención de esos apoyos externos tan necesarios. Otro hecho importante es que aunque no se obtenga el resultado que se buscaba inicialmente, la investigación cumple con su función de extender el conocimiento, es decir, no por diferentes los resultados dejan de ser valiosos; sucede lo mismo cuando el procedimiento usado no resultó el adecuado para atacar ese problema, o bien cuando se concluye que el problema no tiene solución. Cualquiera que sea el caso, se habrá aprendido algo nuevo.

Cuando el propósito de una investigación es resolver un problema concreto usando métodos y procedimientos ya conocidos, sin importar si se obtienen o no resultados nuevos y originales, se habla de investigación tecnológica, de investigación aplicada o de investigación orientada. En este caso el factor tiempo se vuelve muy importante, pues se desea usar lo más pronto posible los resultados de esa investigación. En general la terminología que se usa para denominar este tipo de investigación no es muy precisa, tal vez porque esa precisión es innecesaria. Es frecuente, entonces, el uso indistinto de cualquiera de estos y otros calificativos para denominarla. Son pocos los autores que se han preocupado por precisar ideas a este respecto y menos aún los que las han publicado. Citaré sólo a dos de ellos.

Eli de Gortari distingue claramente entre investigación tecnológica e investigación aplicada. La aplicada se basa en los resultados de la investigación fundamental para lograr un propósito determinado; su duración es preestablecida, puede determinarse una ruta crítica, su alcance es limitado y su aplicación inmediata. La investigación tecnológica se basa a su vez en los resultados de la investigación aplicada para su utilización industrial, se hace a plazo fijo y los resultados se usan de inmediato.

Todas las investigaciones se orientan en el sentido de que su objetivo principal es cualquiera de los señalados por Eli de Gortari en esta clasificación y caracterización general. La orientación que se dé a la investigación depende del investigador mismo, de la institución donde trabaja y, a veces, de la facilidad o dificultad para obtener apoyos y subsidios. Esto último se está convirtiendo en un elemento muy importante en la orientación de las investigaciones.

Ruy Pérez Tamayo, por su parte, afirma categóricamente que la tecnología no es ciencia aplicada, sino aplicación de la ciencia, sin establecer el paso intermedio de investigación aplicada como lo hace De Gortari. Para Ruy no hay ciencia básica o ciencia aplicada, toda es aplicada. Establece en cambio una distinción muy interesante según el uso que se dé a los resultados de una investigación. Si se usan para generar nuevos conocimientos, en el sentido ya comentado, habla de usos internos de la investigación científica. Cuando los resultados son de aplicación directa, habla por lo contrario de usos externos. Los resultados de uso interno los utiliza el propio investigador que los genera, en tanto que la identificación de resultados susceptibles de usos externos no es responsabilidad única ni principal de los investigadores mismos.

Mencionaré a continuación, sin pretender hacer un catálogo completo, cómo se usan los resultados obtenidos en algunas instituciones en las que se hace investigación en física. Trataré de poner ejemplos escogidos de cómo la orientación de cada institución determina tanto el tipo de resultados como los usos.

En general, en los institutos y centros de investigación dependientes de las universidades, las investigaciones están orientadas hacia lo fundamental. Tal es el caso, por ejemplo, del Instituto de Física y de la Facultad de Ciencias de la UNAM, aunque ocasionalmente se hacen también trabajos de tipo aplicado. Lo mismo puede decirse, por poner otro ejemplo, del Centro de Investigación y Estudios Avanzados (Cinvestav). Los resultados de estas investigaciones tienen un uso interno en el sentido antes señalado. Claro está que muchas veces, por los medios de información que se usan, los resultados trascienden nuestras fronteras y se usan internacionalmente. Es innecesario repetir o completar aquí la lista de los campos en los que se hace investigación de tipo fundamental; muchos de ellos ya los he mencionado al hablar sobre lo que nuestros físicos hacen.

En muchos de los centros orientados hacia la investigación fundamental se observa actualmente una fuerte tendencia a buscar aplicaciones de tipo más amplio para sus investigaciones y a involucrarse en investigaciones orientadas hacia la solución de problemas de interés nacional. Confieso que, aunque pueda tener alguna utilidad, no me gusta esta terminología. Tal parece que las investigaciones de carácter fundamental, esas que hacen avanzar algún campo de la física, esas que amplían, aunque sea muy modestamente, las fronteras del conocimiento y que son las que en ocasiones conducen a grandes desarrollos tecnológicos, tal parece, repito, que estas investigaciones no son de interés nacional. Me niego a aceptarlo. Creo que en un país como el nuestro debe de haber un lugar para todo. Estoy convencido de que debemos ser muy cuidadosos de no caer en el extremo de debilitar o, aun peor, de desintegrar grupos de investigación fundamental ya consolidados que no pueden dar a sus proyectos ese tinte aplicado que tanto facilita las cosas, o que no pueden mentir inventando usos.

Yo he visto que eso ocurre en algún país de los llamados desarrollados; he visto cómo se desintegra un grupo pequeño y muy prometedor; he visto cómo sus miembros son reubicados en otros campos de actividad con aplicaciones más inmediatas. Claro está que esos investigadores están y seguirán haciendo un buen trabajo, porque están bien preparados. Es claro que están contribuyendo a satisfacer alguna necesidad de tipo prioritario. Cabe sin embargo hacerse una pregunta: ¿qué hay de esas investigaciones de tipo fundamental que han dejado de hacerse porque quienes saben hacerlas, quienes tienen el equipo para hacerlas, quienes pueden contribuir al avance de la ciencia, se han visto obligados a cambiar de actividad? ¿No tiene esto un costo que debemos también considerar al establecer las prioridades?

Algunos centros de investigación nacen ya con este problema resuelto. Tal es el caso, por ejemplo, del Instituto de Investigaciones Eléctricas, en el que se hace investigación aplicada a la solución de problemas de interés para la industria eléctrica. En este instituto se ha puesto de manifiesto un hecho que debe inquietarnos. Ante la notoria falta de interés de los físicos por involucrarse en problemas de investigación aplicada, son sustituidos por ingenieros químicos o mecánicos. No tengo nada contra ellos, muchos de mis amigos lo son, nadie es perfecto, pero me pregunto si no estamos frente a una falla evidente en los mecanismos de información. ¿Cuántos de nuestros estudiantes de física conocen las actividades del IIE o saben siquiera de su existencia?

Otro buen ejemplo de institutos de este tipo es el Instituto Nacional de Astrofísica, Óptica y Electrónica, involucrado desde su fundación en proyectos de tipo tecnológico relacionados con la óptica de telescopios, en el diseño y desarrollo de microcircuitos, en la producción de elementos ópticos para microscopios, en la aplicación de métodos holográficos para medir pequeños desplazamientos. Imposible señalar aquí todas las actividades de ese instituto. El Instituto Mexicano del Petróleo es otro ejemplo obligado; otro centro de investigación orientado hacia un sector productivo. Desempeña para Pémex tareas y servicios que antes eran cubiertos por agentes externos, sobre todo del extranjero. Estos tres no son todos, sino sólo algunos ejemplos de centros de investigación de la comúnmente llamada ciencia aplicada. Debe quedar bien claro sin embargo que aun en estos institutos, enmedio de todas sus actividades de asesoría, producción y servicio, no se desprecia la investigación fundamental. Cuando es necesario dejan en libertad a sus investigadores y les dan el apoyo que requieren para proyectos de investigación básica.

En algunas dependencias gubernamentales se usa la física en actividades de tipo muy específico. Tal es el caso de la energía nuclear o de las aplicaciones de técnicas de radioisótopos para estudios hidrológicos. En las universidades existen también, aunque en escala más modesta, centros de investigación de los tipos antes mencionados. Se pueden citar de la UNAM, por ejemplo, el Instituto de Investigación de Materiales, el Centro de Estudios Nucleares y el Centro de Instrumentos.

Los esfuerzos, tanto institucionales como nacionales, por fortalecer la infraestructura científica y por estimular los usos externos de los resultados de la investigación han sido permanentes. Vemos así que en la UNAM se crea la Dirección General de Desarrollo Tecnológico y se intensifica la firma de convenios de colaboración con industrias de diferentes tipos para la prestación de asesorías por una parte y para el apoyo a la investigación por otra. Vemos cómo el Conacyt incrementa y estimula su apoyo a proyectos del tipo llamado "de riesgo compartido", en un esfuerzo por lograr una mejor cooperación entre industrias y centros de investigación, en la aplicación de los resultados de la investigación científica y para usar la experiencia y la infraestructura de que se dispone en dichos centros de investigación. Vemos también cómo se crea el Sistema Nacional de Investigadores para estimular el trabajo y la creatividad de éstos.

SUGERENCIAS Y COMENTARIOS FINALES

Quiero hacer, para terminar, algunas sugerencias y comentarios que se me fueron ocurriendo al preparar el manuscrito para esta conferencia. El orden en que los presento no demuestra ninguna preferencia de mi parte ni mucho menos cierta sugerencia de prioridades.

1] Abrir, dentro de lo posible, nuestras bibliotecas y laboratorios a la provincia a fin de acelerar la ya iniciada descentralización, incrementando así los esfuerzos que ya se hacen en esta dirección, como ejemplo basta mencionar los centros de Ensenada y Cuernavaca.

2] Iniciar o incrementar visitas de industriales a nuestros centros de investigación, abriendo así nuevos canales de información ante los posibles usuarios.

3] Promover el servicio social entre nuestros estudiantes en industrias escogidas adecuadamente y en plan de observadores para que detecten dónde podrían aplicar sus conocimientos en la resolución de problemas específicos. Es claro que se requerirá de la asesoría de profesores con amplia experiencia.

4] Evaluar si la carrera de ingeniero físico ofrecida en algunas universidades es un puente adecuado entre la investigación fundamental y la aplicación industrial.

5] Evaluar la factibilidad y conveniencia de crear centros de investigación para industrias del mismo tipo, no para una sola. El financiamiento compartido reduciría los costos de participación, si bien compartir los resultados podría constituir una dificultad insuperable.

6] Hacer un análisis cuidadoso, detallado y crítico de las tendencias actuales en las prioridades para el apoyo a proyectos de investigación. Sería muy lamentable que el uso de un lenguaje bien intencionado, pero mal entendido y peor aplicado, nos hiciera caer en el peligro de lo que Ruy Pérez Tamayo llama muy adecuadamente una visión utilitaria de la ciencia. En mi opinión, todo proyecto serio debe apoyarse; las prioridades deben buscar un equilibrio adecuado que fomente el progreso tanto en investigación básica como en investigación tecnológica.

7] Invitar a nuestros congresos científicos a observadores industriales. Los mecanismos y financiamientos para acciones de este tipo podrían encontrar apoyo directamente de las industrias (tal vez no interesadas), o de los centros de investigación (posiblemente más interesados) o del Conacyt. Éste podría ser un nuevo canal de información en busca de posibles aplicaciones externas.

8] Organizar un sistema de información cruzada sobre conferencias y seminarios entre las diferentes instituciones en las que se hace investigación en física. Esto requerirá tal vez un esfuerzo de planeación al que no estamos acostumbrados, pero que quizá valga la pena intentar a fin de ampliar nuestros canales de información y hacer llegar ésta a un número mayor de miembros de nuestra propia comunidad así como a otros posibles interesados.

9] Publicar uno o varios folletos de información sobre instituciones y centros en los que se hace investigación aplicada y desarrollo tecnológico. Esto ayudaría tal vez a motivar a estudiantes para que se dediquen a este tipo de actividades. Podría servir además para interesar a algunos sectores industriales en las actividades de esos centros, incrementando así la probabilidad de que se usen más ampliamente las investigaciones puras, aplicadas y tecnológicas.

A lo largo de esta plática he expresado muchas de mis dudas, de mis inconformidades. He planteado muchas preguntas y dado pocas respuestas. Mi intención es bien clara: quiero despertar inquietudes. No se sorprendan pues de que termine estos comentarios con una más de mis ya muy numerosas preguntas: ¿no estamos acaso equivocando el camino? Corrijo: ¿no están equivocando el camino? Me refiero a quienes pretenden que sea el propio investigador quien encuentre la aplicación de sus resultados. Hablo de aquellas instituciones que ponen al investigador ante la disyuntiva de hacer investigación aplicada, o ver disminuir cada vez más el apoyo para sus investigaciones. Es obvio que esto no ha funcionado. Tal vez porque se está pidiendo demasiado. Recojo aquí una iniciativa de Ruy: crear organismos de promoción, organismos encargados de buscar usos externos a las investigaciones, que se mantengan informados de lo que ocurre en el campo de la investigación y de las necesidades de uso externo a fin de buscar una correspondencia. Organismos, en fin, que una vez encontrada esa correspondencia, propongan caminos para hacerla realidad.

Creo que podemos ser optimistas porque la física hecha en México se está usando. Tal vez no en la medida deseable para algunos, tal vez no en la dirección o con la orientación deseable para otros, pero a mí me parece indudable que se está usando. Ha transcurrido medio siglo desde que se iniciaron en México los primeros esfuerzos para hacer investigación en física. Mucho es lo que se ha progresado, pero para seguir haciéndolo es necesario ante todo hacer más física, y para esto se requiere también hacer crecer nuestra comunidad de físicos. En la medida en que esto se logre, se podrá incrementar el número de físicos decididos a dedicarse a la investigación aplicada y al desarrollo tecnológico, sin peligro de descuidar o debilitar la investigación básica. Estoy convencido de que todos y cada uno de nosotros, con un poco de ingenio y mucha buena voluntad, siempre podremos encontrar algún uso para las investigaciones que hacemos y para la física que conocemos.

LA IMPORTANCIA DE LOS BANCOS DE DATOS EN LA INGENIERÍA BÁSICA

LEOPOLDO GARCÍA-COLÍN SCHERER*

INTRODUCCIÓN

No es una casualidad que en el mundo actual los países más desarrollados científicamente sean los mismos que dominan en la generación de tecnologías. Esto se desprende de que el avance de la ciencia guarda una relación muy estrecha con el desarrollo de diversas industrias, las cuales a su vez se preocupan por generar fondos para que la investigación científica aumente su caudal, en calidad y en cantidad.

Como ya se ha mencionado en algunos trabajos anteriores [1, 2], 95% del total de la inversión que se destina al fortalecimiento de lo que se conoce como el sistema de investigación y desarrollo (ID) de un país, está concentrado en los países que constituyen lo que hoy llamamos el mundo desarrollado: Estados Unidos, Unión Soviética, Japón, Europa Occidental y Canadá. De estos países proviene también otro tanto, en porcentaje, de las patentes que amparan diversas tecnologías. El otro 5% de la inversión económica en el sistema ID está distribuido entre el resto de los países del mundo, incluyendo obviamente al nuestro. ¿Hay una explicación para este hecho?

La ciencia en México ha desempeñado un papel casi nulo en la evolución del país, por lo menos desde hace

* Instituto de Investigaciones en Materiales, Universidad Nacional Autónoma de México; Departamento de Física, Universidad Autónoma Metropolitana-Iztapalapa; miembro de El Colegio Nacional.

cien años. No sólo se le ha ignorado como ingrediente esencial del acervo cultural de la sociedad que forma esta nación, sino además se ha impedido, consciente o inconscientemente, la formación de una infraestructura científica adecuada para dar lugar, en forma natural, al desarrollo de tecnologías. Que esto es así, se pone de manifiesto por los datos ilustrados en el cuadro 1. En tanto que en los países industrializados se destina un porcentaje muy razonable del producto nacional bruto al fortalecimiento del sistema ID, en nuestro país es bajísimo: hoy en día la cifra es ciertamente menor al 0.61%. Más aún, en los países avanzados, un alto porcentaje de esta cifra proviene de la industria. En nuestro país alcanza apenas el muy dudoso 5%. Esto simplemente implica que desde un punto de vista netamente utilitario la ciencia no tiene una demanda apreciable por parte del cliente que más debería interesarse en ella: la industria. Si a esto le sumamos el dato de que por cada peso que se invierte en México para desarrollo tecnológico, 45 centavos se destinan a la compra de tecnologías (un proceso muy costoso para industrializarse), conclui-

CUADRO 1

GASTO (% PNB) DE VARIOS PAÍSES EN EL SISTEMA DE INVESTIGACIÓN Y DESARROLLO

	Gasto (% PNB)	*Industria*	*Univ. + gobierno*
Alemania	2.2	51	47
Estados Unidos	2.2	32	66
Francia	1.8	31	65
Gran Bretaña	2.0	41	55
Japón	1.9	56	43
Italia	0.91	28	72
España	0.3	11	89
México	0.54	5	95

mos que México es un país fuertemente dependiente del exterior en cuanto a tecnologías concierne. Es curioso observar que, sin embargo, hay una marcada insistencia por parte del sector oficial en negar u ocultar este hecho y, en muchas ocasiones, hasta en afirmar lo contrario.

Los recursos humanos que actualmente constituyen la infraestructura científica del país son, según cifras publicadas recientemente [3], 3 051 investigadores pertenecientes al Sistema Nacional de Investigadores y unos cuantos más no "beneficiados" por este sistema. Digamos, 4 000 en números redondos. Para una población de 80 millones de habitantes, esto significa que tenemos un investigador por cada 200 000 habitantes, cifra que nos coloca en un nivel muy bajo aun dentro de los países subdesarrollados. El cuadro 2 muestra nuestra ubicación comparativa con otros países de Latinoamérica. Si a los 4 000 investigadores les añadimos el resto del personal que constituye la infraestructura del sistema nacional de ID, la cifra, cuando mucho, se duplica. En 1980, según datos del Conacyt, había 6 800 personas en el sistema nacional de ID. No es éste el lugar para racionalizar estos hechos ni extendernos en una larga presentación de datos que pongan de manifiesto algunas de las causas por las cuales prevalece esta situación, esto ya se ha escrito en otros trabajos [1, 2]. En lo que vale la pena insistir aquí es en el hecho de que año con año, debido precisamente a la indiferencia irresponsable con que se contempla la evolución de la ciencia, la brecha tecnológica que nos separa de los países avanzados se ensancha a pasos agigantados, al grado de que es inevitable pensar que el destino de este país, en cuanto a autosuficiencia potencial para lograr su desarrollo, ya se definió hace algunos lustros. Cada día hay menos jóvenes interesados en la ciencia y en la ingeniería, y los pocos que hay ven con buenos ojos poder emigrar a Estados Unidos o a Canadá para encontrar un sitio donde su talento sea reconocido y puedan llevar adelante sus inquietudes profesionales.

CUADRO 2

NÚMERO DE CIENTÍFICOS EN VARIOS PAÍSES LATINOAMERICANOS

País	*Total de científicos*	*Núm. por cada 100 000 hab.*
México*	6 800	0.83
Argentina	7 700	3.1
Chile	3 067	3.1
Venezuela	3 441	2.7

* Datos del Conacyt para 1980.

En el campo de la química y de la ingeniería química, esta situación se refleja de una manera todavía más patética. La química como ciencia no existe prácticamente en México [4, 5] y la ingeniería química es incapaz de concertar grupos de excelencia suficientes para satisfacer la demanda actual que existe en ingeniería básica. Nuevamente, de acuerdo con cifras publicadas por el Conacyt hace algunos años (véase el cuadro 3), la demanda nacional en ingeniería básica, esto es, la parte de la ingeniería que se relaciona con el diseño de procesos nuevos, sólo puede satisfacerse en un 15% por los egresados de las diferentes instituciones que otorgan grados en ingeniería. En particular, en el campo de la química es indiscutible que México requiere de un enorme número de especialistas capaces de aprovechar los innumerables recursos naturales, renovables y no renovables, que desde su localización y extracción hasta su transformación y aprovechamiento requieren de conocimientos sólidos en diversas áreas de la química [6]. Que esta ciencia como tal no se haya impulsado fuertemente en el país es inexcusable. Y lo más grave es hacer o querer hacer creer que a pesar de ello somos autosuficientes en el quehacer tecnológico asociado a las diversas industrias cuyo funcionamiento depende, en su concepción básica, casi totalmente de la química. Un ejemplo de ello es el tema fundamental de este trabajo.

Con base en los antecedentes expuestos en los párrafos anteriores, es importante exhibir con la mayor claridad y objetividad posible un ejemplo que muestre de manera elocuente la interrelación tan estrecha que existe actualmente entre el uso de la información que genera

CUADRO 3

PORCENTAJE DE LA DEMANDA NACIONAL EN DISTINTOS TIPOS DE INGENIERÍA SATISFECHA POR INGENIEROS MEXICANOS

Tipo de ingeniería	*Satisfacción demanda (por sector educativo)*
Selección de tecnología y equipo	95
Ingeniería de detalle	90
Supervisión de plantas (llave en mano)	80
Ingeniería básica (diseño)	15

la investigación científica y la formulación de tecnologías. El ejemplo elegido es precisamente uno en el que se pone de relieve la dificultad potencial que enfrenta cualquier industria química cuando decide llevar adelante el diseño de un proceso dado. El dominio de ciertos aspectos de la fisicoquímica, una ciencia básica, es imprescindible en el conocimiento que debe tener el ingeniero químico para resolver los problemas asociados con la concepción, el cálculo y el ensamblaje del material necesario para llevar a cabo la operación deseada, esto es, para generar los elementos básicos de la tecnología apropiada. Dicho ejemplo constituye el papel que desempeña lo que se conoce como un banco de datos en el diseño de un equipo dado.

Para elaborar con todo detalle este programa comenzaremos por describir brevemente las etapas esenciales y las características más sobresalientes de lo que constituye el ingrediente científico subyacente a un proceso dado. En seguida trataremos de establecer con cierto cuidado las características esenciales de lo que hoy en día se conoce como un banco de datos. Después pasaremos a ver las implicaciones del banco de datos en el diseño de un proceso y concluiremos con algunos comentarios generales sobre la interrelación entre estos dos aspectos del conocimiento dentro del ámbito nacional.

PRELIMINARES BÁSICOS

Recordemos al lector algo que es obvio, pero sobre lo cual quizás no reflexionamos mucho al respecto: una industria en su aspecto tecnológico es la unificación de un conjunto de procesos cuyo fin es el de utilizar una o varias materias primas, usualmente de bajo valor comercial, para obtener uno (o varios) productos de mayor valor comercial. Estos productos, usualmente, se conciben a partir de su demanda en el mercado de consumo. Un ejemplo típico es la compleja industria del petróleo [6]. La unificación de los procesos de exploración, explotación, refinación y química del petróleo constituyen su núcleo importante. Los productos derivados del petróleo (combustibles, detergentes, asfaltos) se obtienen para satisfacer una demanda comercial. La química del petróleo o petroquímica, como suele llamarse, es la fase más compleja y más fecunda de toda esta industria. De la enorme variedad de procesos químicos que la componen surgen prácticamente todas las sustancias y materiales que se usan en la vida cotidiana: herbicidas, insecticidas, fungicidas, hule sintético, plásticos en sus diversas variedades, anilinas, algunas sustancias de uso medicinal, etcétera.

La construcción de un dispositivo o unidad —sea una plataforma marina para la explotación del petróleo, un pozo de exploración, una planta de refinación u otra petroquímica— requiere de ciertos estudios preliminares orientados, entre otros fines, a determinar la factibilidad del proceso, esto es, de que dicho proceso esté constituido por procedimientos consistentes con las leyes que gobiernan la naturaleza. En el caso de un proceso químico, al que nos abocaremos después, estos estudios preliminares están enfocados al diseño de una planta piloto y contienen una alta proporción de investigación científica. Vamos a desglosar un poco el contenido de esta frase por la relevancia que tiene en función del tan trillado tema de investigación básica *vs.* investigación aplicada [6, 7]. Supongamos que tenemos una materia prima formada de moléculas de una sola especie (llamémoslas A) y que mediante un proceso determinado se desea transformarlas químicamente en un producto formado por otra especie molecular cuyas moléculas denotamos con B.

La transformación química de A en B requiere de un proceso que no detallaremos aquí, pero que esencialmente consiste en un estudio de las propiedades estructurales de A que permitan establecer las condiciones teóricas requeridas para poder transformarse en B. Este estudio va usualmente complementado por otro de carácter global, termodinámico, que determina las condiciones en que debemos realizar la operación, para que un conglomerado muy grande de moléculas A, usualmente en fase gaseosa o líquida, se transforme, con cierta eficacia, en otro conglomerado que contiene moléculas B, *i.e.* el compuesto B. Usualmente, para optimizar esta conversión en condiciones adecuadas de operación, temperatura y presión cercanas a las del ambiente, se requiere del uso de un catalizador (sustancia que actúa sobre la estructura molecular A para inducir la conversión a la estructura B sin que el mismo salga mayormente afectado del proceso).

Los resultados de ese estudio usualmente conducen a montar un experimento a escala de laboratorio en el cual en un pequeño recipiente que contiene al catalizador se hace pasar una determinada cantidad del compuesto A, controlando por ejemplo unas cuantas variables, la presión, la temperatura, el volumen de A que entra en el reactor por unidad de tiempo, el volumen del catalizador, etc. Si como resultado del experimento se obtiene una cantidad de B que concuerde satisfactoriamente con el rendimiento esperado de los datos teóricos, se concluye que el proceso es factible. A la experimentación realizada, que requiere de todos los recursos y modalidades de la investigación científica, se le conoce como experimentación a *escala de banco* [6, 7]. La diferencia entre esta investigación y la realizada en una universidad sobre el *mismo* proceso consiste sólo en objetivos. La primera tiene, como hemos hecho ver, fines comerciales; la segunda sólo tiene fines académicos.

Una vez comprobada la factibilidad del proceso, el paso siguiente es construir una planta de tamaño mayor con todas las características de la planta comercial, en la que ya intervienen todas las variables que no aparecen en la escala de banco. Entre ellas se encuentran la instrumentación, la resistencia de materiales, el diseño del reactor tomando en cuenta geometría, disposición del catalizador en el reactor (lecho fijo o lecho fluidizado), material de construcción, etc. La idea es asegurarse de que bajo un régimen de operación contínuo, es posible obtener el producto en cantidades apreciables (que pueden alcanzar algunas toneladas). Esta planta, fuente de toda la información estratégica para la operación y el control del proceso que suele denominarse el "saber cómo", se denomina *planta piloto.* Sobra decir que su diseño y construcción constituyen la etapa crucial del objetivo que se persigue. Una vez dominada esta etapa, el cambio de escala de la planta hasta el nivel comercial es técnicamente simple, y es en este paso cuando aparecen los aspectos económicos del proceso, como son costo, rentabilidad, eficiencia, mercado, etcétera.

El punto medular de este trabajo estriba en insistir en que optimizar el diseño de una planta piloto minimizando su costo y el riesgo de operación depende esencialmente de la existencia de un banco de datos sobre la (las) substancia (s) que se van a emplear en dicho proceso. Y esta información, producto de la investigación cuidadosa y sistemática sobre las variables termofísicas apropiadas, no siempre es fácil de obtener. Veamos en seguida, con ejemplos concretos, la importancia que desempeña en la industria.

BANCO DE DATOS

Se dice que una sustancia pura (agua) o una mezcla de sustancias (alcohol etílico-agua) se encuentran en un estado termodinámico de equilibrio si se conocen los valores numéricos de las variables independientes elegidas para caracterizar dichos estados (dos para sustancias puras, tres para mezclas binarias, etc.). El número de estas variables depende de las restricciones impuestas para definir al sistema [8] y usualmente se intuyen a partir del experimento. Las más útiles en la industria son la presión, la temperatura, la densidad, la concentración de los diversos componentes, el calor específico a presión o volumen constantes, etc. Entre las variables elegidas existe una relación funcional que expresa la dependencia de unas con respecto a aquellas manejadas como independientes. En el caso de una sustancia pura, por ejemplo, si la presión p y la temperatura T se eligen como variables independientes, la densidad ρ guarda una relación con ellas.

$$\rho = \rho\ (p,\ T) \qquad (1)$$

A esta relación, expresada simbólicamente por la ecuación (1), se le llama *ecuación de estado*. En mezclas multicomponentes ocurre lo mismo, excepto que el número de variables independientes es mayor.

Asimismo, para la enorme mayoría de gases, líquidos y sus mezclas, y en intervalos de presión pequeños ($p < 10$ atm), el calor específico Cp es una función de la temperatura. Conocida la ecuación (1) y Cp como función de T (para sustancias puras) es posible obtener *todas* las funciones termodinámicas de la sustancia, su entalpía, entropía, función de Helmholtz, etc., que son importantes para propósitos prácticos.

Por otra parte, esta misma sustancia (o sustancias si es una mezcla) tiene otras propiedades características que cuantifican la inercia de dicha sustancia ante ciertos efectos externos: calentamiento, elongación, deformación, etc. Estas propiedades, conocidas como coeficientes de transporte, *e.g.*, conductividades eléctrica y térmica, viscosidad cortante, viscosidad volumétrica, coeficiente de difusión, etc., desempeñan un papel importante en todos aquellos aspectos dinámicos del proceso, flujo de calor, flujo de fluido, difusión, etc. Usualmente estos coeficientes dependen de la densidad ρ y la temperatura T, y su conocimiento es imprescindible para determinar las características del flujo de los fluidos en el proceso considerado. Al conjunto de valores numéricos para las funciones termodinámicas y las propiedades de transporte de las sustancias involucradas en un proceso se le conoce como el *banco de datos.*

Esta discusión muestra claramente que los bancos de datos deben satisfacer la condición *sine qua non* de *no* violar las leyes de la termodinámica clásica. Esto conviene ilustrarlo con un ejemplo. Si para una sustancia pura se conoce la ecuación (1), esto es, su ecuación de estado, y simultáneamente se tiene información sobre la dependencia de *Cp*, el calor específico, con la presión y la temperatura, usando fórmulas termodinámicas bien conocidas [9] se puede obtener la energía interna de la sustancia. Pero esta función *no* es arbitraria. Su relación funcional con *p* y *T* debe ser tal que se satisfaga la ecuación ($u = U/M$, M = masa)

$$-\rho^2 \left\{ T \left(\frac{\partial p}{\partial T}\right)_\rho - p \right\} = \left(\frac{\partial \vartheta}{\partial \rho}\right)_T \qquad (2)$$

que es una consecuencia directa de la segunda ley de la termostática [10]. Lo que la ecuación (2) establece y a menudo se olvida es que las ecuaciones calórica y térmica de estados *no* son del todo independientes.

Con objeto de no hacer esta presentación demasiado abstracta e innecesariamente larga, vamos a concretarnos a discutir dos ejemplos del uso de bancos de datos. Uno es el problema común y corriente de la transferencia de calor y otro el que se encuentra al tratar de determinar la cinética global en el diseño de un reactor químico. El primero es de uso frecuente en prácticamente todas las ramas de la ingeniería química, mecánica, aeronáutica, nuclear, espacial, bioquímica, etc., y en su aspecto más fundamental depende esencialmente de tres parámetros o variables, el calor específico a presión o volumen constantes, la viscosidad y la conductividad térmica. En muchos problemas estas variables aparecen relacionadas entre sí formando números adimensionales que se utilizan para cuantificar las características de algún fenómeno en particular que aparece como parte del proceso. Tal es el caso de los números de Reynolds y de Prandtl que definiremos a continuación para referencia futura. Si d es la longitud característica de un ducto por el cual circula un fluido de densidad ρ con una velocidad en magnitud igual a v y cuya viscosidad es η , se define el número de Reynolds (Re) como

$$Re = \frac{v \ \rho \ d}{\eta} \qquad (3)$$

El significado físico de este número es que representa el cociente entre la inercia mecánica y la inercia viscosa del fluido. Su valor numérico representa, pues, el concurso de estas dos propiedades durante el flujo del fluido. Si llamamos λ a la conductividad térmica del fluido y Cp es su calor específico, el número de Prandtl (Pr) se define como

$$Pr = \frac{\eta \ Cp}{\lambda} \qquad (4)$$

Físicamente este número representa el cociente entre la conductividad del calor debido a la difusión del ímpetu del fluido y la conducción de energía térmica por choques moleculares. El segundo ejemplo lo discutiremos en la siguiente sección.

Si aceptamos tácitamente que estos números (¡y otros!) son importantes en diseño de cambiadores de calor, es obvio admitir que su conocimiento depende totalmente de la disponibilidad de un buen banco de datos para la sustancia en cuestión. Es importante, pues, intentar describir lo que se entiende por un banco de datos en el sentido práctico, esto es, en el grado de confiabilidad que un ingeniero pueda tener en esa información. Para ello comencemos por decir que la situación real en lo que concierne a los bancos de datos existentes es un tanto caótica. Por una parte, cada día se pone de manifiesto con mayor vehemencia en el plano internacional la necesidad de tener bancos de datos de sustancias importantes para la industria. El caso particular del agua en sus fases vapor y líquida es ilustrativo y a él volveremos más adelante. De otras sustancias existen muchos datos para unas, pocos para otras y la confiabilidad es variable pues los datos se obtienen por métodos que usan procedimientos tan burdos como el "ajuste empírico de curvas" hasta otros que están apoyados en teorías más o menos bien establecidas. Sin embargo, hay que reconocer que el procedimiento óptimo que se tradujera en datos confiables obtenidos en una contribución sustancial de las teorías bien establecidas, como la física térmica clásica y cuántica, sólo se ha logrado para sustancias de importancia marginal en la industria, como lo son los gases nobles Ar, Kr, Ne y He, y quizás otros como N_2, O_2, etc. En el caso del vapor de agua y el agua líquida, los datos se obtienen de correlaciones empíricas dentro del débil marco de referencia que proporcionan las leyes de la termostática y el tratamiento teórico correspondiente al límite del gas ideal.

El problema de las mezclas, que es el de mayor utilidad en ingeniería química, es el que actualmente plantea el mayor reto. La solución se ha obtenido para el caso enteramente impráctico de mezclas de gases nobles, pero el caso de mezclas de hidrocarburos, sustancias orgánicas cíclicas y otras, es en la actualidad un problema abierto.

La primera dificultad que se presenta en la práctica, si nos ponemos a pensar en propiedades como la viscosidad y la conductividad térmica que aparecen en los números de Reynolds y Prandtl arriba definidos, es el enorme intervalo de valores que debe cubrirse en la determinación de dichas propiedades. La figura 1 muestra cómo varía la viscosidad en un intervalo de once décadas en potencias de 10 que cubre, desde los 10^{-6} Pa-s (Pascal-segundos)* para los gases hasta 10^5 Pa-s para sales fundidas.

En la figura 2 se muestra cómo la conductividad térmica λ medida en w/mK varía en un intervalo de seis décadas en potencias de la que va desde 10^{-3} para gases hasta 10^3 para metales. Además debe recordarse que estas cantidades η y λ tienden a infinito cuando la temperatura y la presión tienden a sus valores en el punto crítico.

Si se utilizan los datos de las figuras 1 y 2 para el cálculo de *Pr*, resulta (como se muestra en la figura 3) que ésta varía en 8 décadas en potencias de 10 que va desde 10^{-3} para sustancias (sales) fundidas hasta 10^5 para aceites pesados.

Si extrapolamos esta situación y consideramos el número de sustancias puras y sus mezclas que habría que cubrir para disponer de una información exahustiva e idealmente sistemática, concluiríamos que las necesidades reales jamás podrán satisfacerse. En efecto, autores tan distinguidos como Reid, Prausnitz y Scherwood afirman que:

"Es inconcebible que en algún momento vayamos a disponer de datos experimentales para los muchos miles de compuestos de interés en la ciencia y en la industria. La rapidez con que acumulamos datos nuevos parece decrecer en tanto que la necesidad de tener datos precisos para diseño aumenta. En particular, los datos para mezclas son escasos" [11].

Dada la enorme capacidad de las computadoras modernas, es en principio deseable, y en la práctica factible, generar subrutinas que permitan manipular cantidades considerables de datos experimentales y modelar éstos para obtener formulaciones parciales consisten-

* 1 pascal $\equiv$ 1 n/m^2 $\simeq$ 10^{-5} atm.

FIGURA 1

INTERVALO DE VALORES DE INTERÉS PARA LA VISCOSIDAD η. LA ESCALA REPRESENTA POTENCIAS DE 10

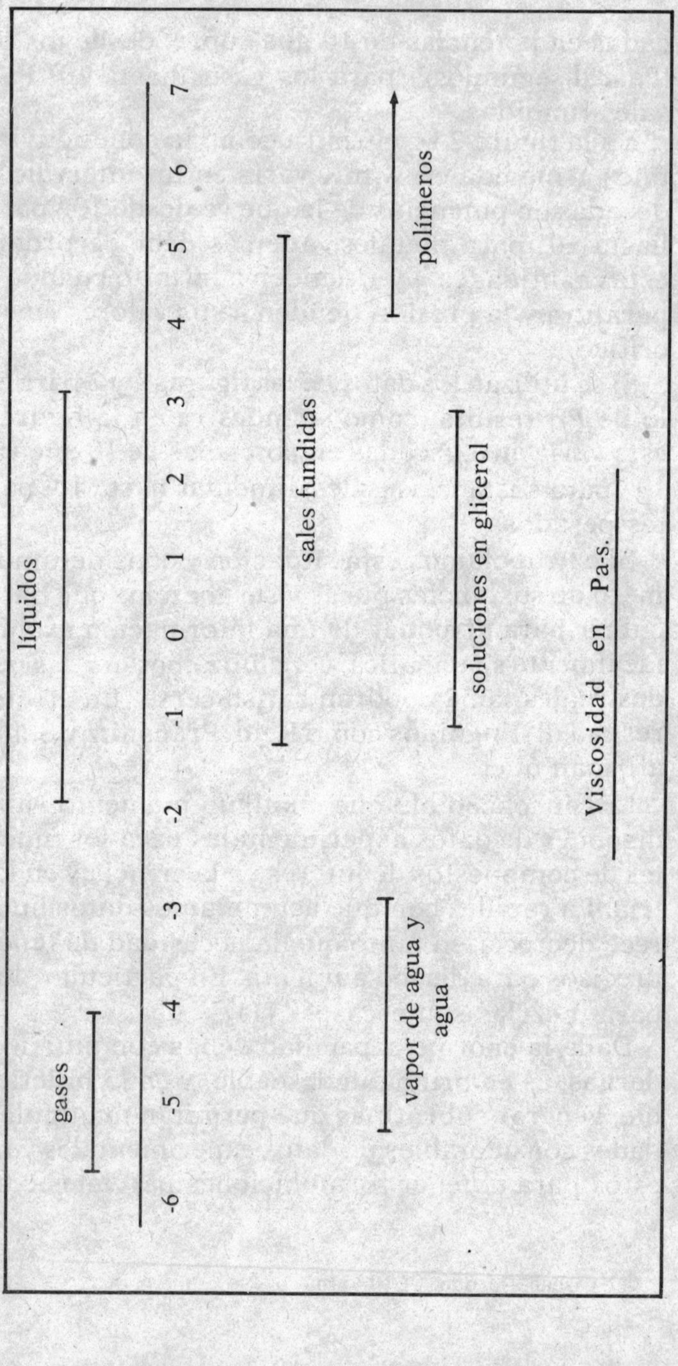

FIGURA 2

INTERVALO DE VALORES DE INTERÉS PARA LA CONDUCTIVIDAD TÉRMICA λ. LA ESCALA REPRESENTA POTENCIAS DE 10

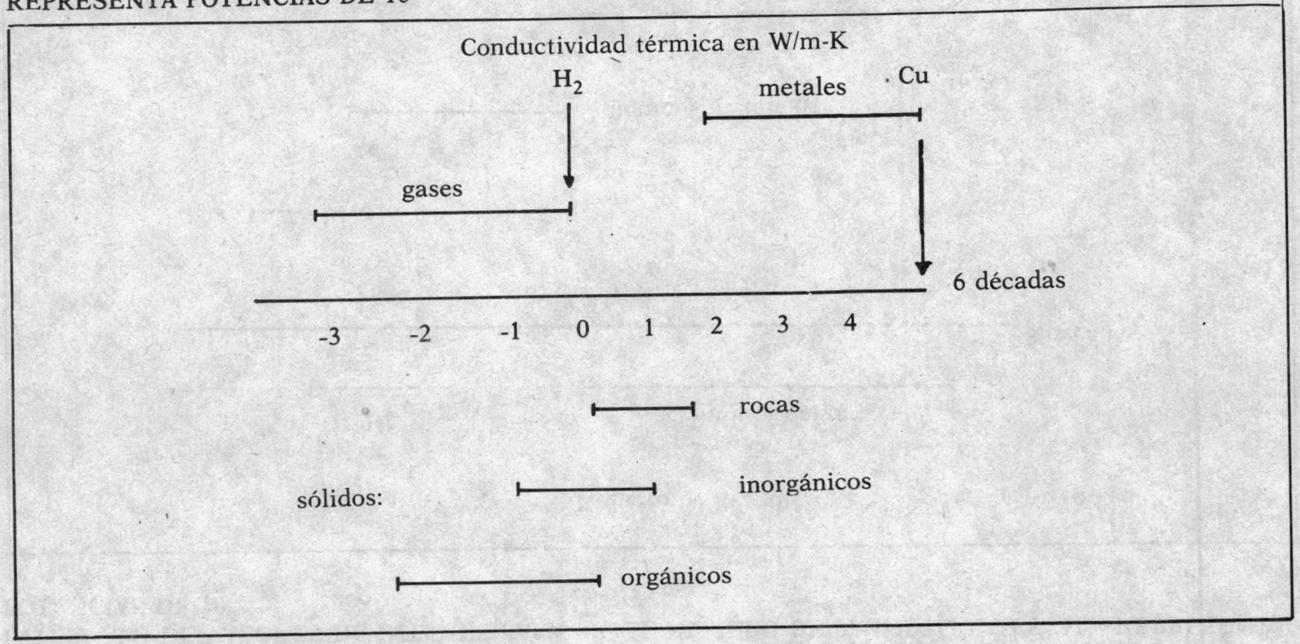

FIGURA 3

INTERVALO DE VALORES DE INTERÉS PARA PR, EL NÚMERO DE PRANDTL. LA ESCALA REPRESENTA POTENCIAS DE 10

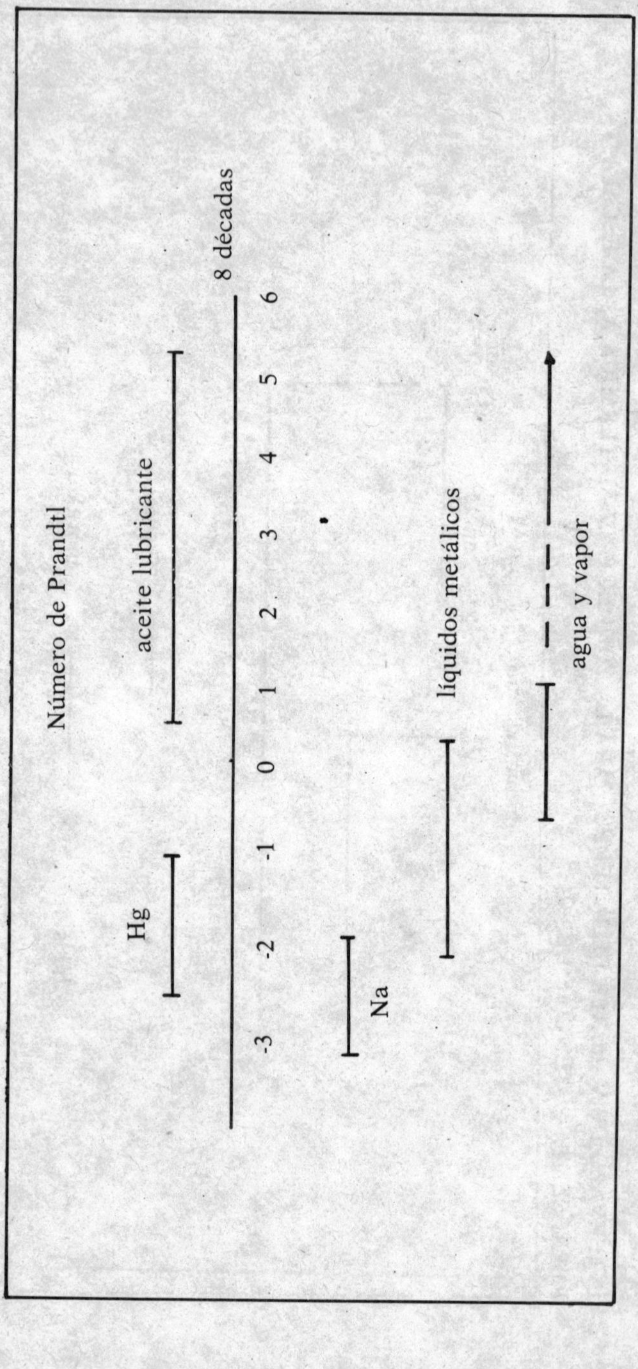

tes. Pero para ello los datos deben satisfacer ciertos criterios, como son los de consistencia, precisión y confiabilidad. A menudo estos términos se confunden entre sí y con otros, de manera que sin entrar en detalles técnicos que pueden consultarse en la literatura [12,13] vamos a intentar describir la situación de manera cualitativa. Empecemos por el criterio de consistencia. Para ello hagamos notar primero que los datos experimentales que deseen almacenarse en la computadora deben poder reducirse a un algoritmo manejable, esto es, los datos deben estar *correlacionados*. Una vez que esto se logra, se debe buscar que los datos sean internamente consistentes entre sí y, además, que sean consistentes termodinámicamente —por ejemplo, con lo señalado en la ecuación (1). La consistencia interna implica que dentro del mismo conjunto de datos que se está manejando no deben existir contradicciones. Esto a menudo *no* suele ser el caso. La consistencia termodinámica, por otra parte, garantiza que si hay varias subrutinas para diversos bancos de datos de una propiedad dada en un cierto intervalo de valores, todos ellos sean consistentes entre sí.

Los criterios de precisión y confiabilidad están relacionados entre sí. El segundo a menudo se confunde con exactitud. La alta precisión o exactitud a menudo es innecesaria en la práctica; lo que es indispensable es que haya confiabilidad en las barras de error asignadas a los datos. Lo que ocurre con frecuencia es que las estimaciones de las barras de error que se publican con los datos son el producto de los buenos deseos del experimentador y no de la estadística. Esto se palpa cuando se comparan datos de diferentes fuentes que rara vez concuerdan dentro de las barras de error publicadas. Y lo grave de esto es que es posible correlacionar datos no confiables dentro de un esquema termodinámico consistente y asignar a dicha correlación una condición de precisión con base en los datos. El uso de éstos en el diseño de un equipo puede causar pérdidas económicas serias. Así, pues, es indispensable obtener resultados confiables sobre la base de la precisión *real* de los datos existentes. En este contexto es conveniente mencionar que en la actualidad existe un caos un tanto alarmante en los datos experimentales publicados para la viscosidad y conductividad térmica de varias sustancias, al grado de que hay datos de diversas fuentes que discrepan entre sí por factores superiores al 100 por ciento [14].

EFECTO DE DATOS EN CALIDAD DE DISEÑO

Actualmente es imposible proporcionar una guía sobre cómo un diseñador puede disponer de datos de transporte o de equilibrio que le aseguren un diseño óptimo. Esto se debe al enorme número de sustancias y a la gran variedad de problemas de diseño. Sin embargo, las implicaciones económicas derivadas del mal uso de los datos o del uso de datos no confiables ha empezado a recibir atención seria desde hace ya una década [15,16]. Usualmente, la existencia de un banco de datos confiables puede reducir el costo en el diseño en las horas/hombre empleadas y en el gasto derivado de la construcción y operación de un número excesivo de pruebas piloto. Asimismo, la confiabilidad de los datos es casi siempre sinónimo de seguridad en el diseño, así como de la calidad requerida en los materiales de construcción. Este problema usualmente se resuelve introduciendo altos coeficientes de seguridad que garantizan la resistencia a la ruptura del equipo en sus piezas medulares, lo que obviamente aumenta el costo en forma innecesaria.

Como uno de los pocos ejemplos concretos que pueden ilustrar este problema, mencionemos la forma en que los errores asociados con los valores de las propiedades de transporte se propagan en el cálculo de cantidades relevantes del diseño. Tomemos el caso del cálculo del coeficiente de película que llamaremos h_C y que aparece en la transmisión de calor por convección forzada en ductos por los cuales circula un fluido de densidad ρ. Este coeficiente está relacionado con la geometría del ducto y las propiedades de transporte por una ecuación empírica [17]

$$h_C = 0.0225 \frac{\lambda}{d} (R_e)^{0.8} (P_r)^{0.4} \quad (5)$$

donde d es el diámetro del ducto. Es preciso insistir en que esta ecuación es ya una consecuencia de correlaciones empíricas que usaron las barras de error asociadas a λ y a μ (así como C_p) para establecerla. Esto es, la ecuación (5) es confiable dentro de un cierto intervalo o barras de error que provienen de las barras de error de las propiedades usadas en su modelación. Además al usar (5) para un cálculo específico, el error relativo $\frac{\Delta h_C}{h_C}$ será una función de las incertidumbres mismas de λ y μ, $\frac{\Delta\lambda}{\lambda}$ y $\frac{\Delta\mu}{\mu}$ involucradas en su cálculo. Así pues, usando las técnicas habituales de la teoría de los errores se puede obtener la incertidumbre máxima en h_C para $\frac{\Delta\mu}{\mu}$ y $\frac{\Delta\lambda}{\lambda}$ dadas. Esta incertidumbre debe tenerse muy presente en el momento de usar esta fórmula en el cálculo de un parámetro de diseño. Asimismo puede mencionarse que si las condiciones de diseño son tales que las sustancias se encuentran cerca de su punto crítico, tanto λ como Pr tienden a infinito y por lo tanto el uso de la fórmula es *muy cuestionable.*

Estos criterios de confiabilidad adquieren proporciones gigantescas en situaciones más complejas que el diseño de intercambiadores de calor, como es el caso de los reactores químicos catalíticos. Haciendo a un lado la variante asociada al tipo de catálisis que se va a emplear, homogénea si catalizador y reactivos están en la misma fase, o heterogénea si el catalizador (usualmente sólido) se encuentra en una fase diferente de los reactivos, generalmente fluidos, el problema es difícil. En primer lugar, las reacciones que ocurren en el seno del catalizador no son reacciones de un solo paso. Eso implica que si conocemos el o los mecanismos de las reacciones presentes, las variaciones de las concentraciones de cada una de las componentes con el tiempo obedecen en general a ecuaciones complicadas que dependen de las concentraciones de las diferentes especies que intervienen en el proceso, de la presión y la temperatura. Para determinar esta cinética es necesario contar con información confiable de las diferentes constantes de velocidad de la reacción que aparecen en cada una de las reacciones que componen el o los mecanismos de las reacciones globales. El tipo de flujo de los fluidos en el reactor es importante y está caracterizado por el número de Reynolds, que como ya vimos antes depende de la geometría y la viscosidad, en este caso de mezclas multicomponentes, así como de la densidad de las mismas.

Un tercer problema importantes es la transferencia de calor y de masa en el catalizador cuyas características dependen del tipo de medio poroso que presenta el catalizador mismo. Además, de la superficie activa de éste (entre otros parámetros) depende la eficiencia de la reacción. Los datos básicos para esta fase del proceso, que sería largo de enumerar aquí, son vitales para un buen diseño. La conjugación de todos estos factores, muy simplificados en esta descripción cualitativa, finalmente conducen a lo que se conoce como la cinética real de la reacción y cuyo conocimiento es deseable para la construcción de la planta piloto. En la práctica, debido a la complejidad del problema, es necesario recurrir a modelos matemáticos y a menudo a una extensa serie de pruebas físicas basadas en el método de aproximación y error, hasta que se consigue un diseño óptimo. Pero es deseable repetir que en todo este procedimiento los datos básicos sobre propiedades cinéticas y termofísicas desempeñan un papel determinante.

En la práctica, la obtención de los bancos de datos depende de la habilidad que se tenga para calcular o estimar los valores individuales de las diferentes propiedades termofísicas como funciones de algunas variables independientes pero medibles, usualmente la presión, la temperatura y la composición. A menudo, estos cálculos están basados en un número reducido de mediciones experimentales que involucran, con cierta frecuencia, cantidades diferentes de la que uno desea obtener. Dichos cálculos están basados en formulaciones que de preferencia están planteadas como algoritmos en una computadora. En este paso es vital la evolución crítica y la selección de los datos que van a emplearse para dichas formulaciones. El método más deseable para llevarlo a cabo es el de incorporarlo dentro del esquema de una teoría conocida y verificada. El menos deseable es el de recurrir a un ajuste empírico de curvas. El primer método es raro, el segundo es común. Un bello ejemplo del uso racional del primer método lo constituyen las tablas de las propiedades de transporte del sistema agua-vapor en la vecindad del punto crítico [18]. No obstante la importancia de la acumulación de bancos de datos, la situación actual es un tanto alarmante. Para mencionar de nuevo a Sherwood *et al.*:

"Una enorme cantidad de datos se han obtenido y correlacionado a través de los años, pero el rápido avance de la tecnología hacia nuevos campos parece preservar una brecha significativa entre la demanda y la disponibilidad" [19].

LA SITUACIÓN EN MÉXICO

Si nos apoyamos en una cifra dada a conocer hace algunos años por el Conacyt, que muestra que la demanda en México de ingeniería básica sólo puede satisfacerse en un 15% por la oferta profesional (como se señaló en el cuadro 3), podemos pensar que en realidad, dado el alto porcentaje de la tecnología importada con que opera la planta industrial nacional, la necesidad de tener grupos de ingenieros y científicos dedicados a esta tarea es, si no nula, sí despreciada. Esta conclusión es no sólo incorrecta sino además ingenua. Es incorrecta porque en la compra de un paquete tecnológico los licenciadores de la tecnología, si ésta demanda el uso de datos de diseño, no los ceden al comprador. Los manuales de operación de plantas de transformación, como los de automóviles, sólo contienen las instrucciones para operar la planta y algunos diagnósticos de fallas, pero no los datos de diseño. Y si en un momento dado es deseable o rentable intentar mejorar la eficiencia de una planta sin afectar la ingeniería, el banco de datos de las sustancias operantes es imprescindible. Es ingenua porque si en alguna ocasión hemos de contemplar ser menos dependientes del extranjero en la compra de ciertas tecnologías, sobre todo de la gran variedad de industrias químicas, será necesario generar estos datos. Y lo más notable es que este tipo de información nos es fácilmente accesible y no requiere de inversiones fastuosas ni espectaculares. La capacidad de cómputo de que disponemos en México sobra y basta. Y el personal existe.

Un grupo de esta índole, quizás el primero de su género, se formó hace más de diez años en la Subdirección de Investigación Básica de Procesos en el Instituto Mexicano del Petróleo. El desdén con el que las propias autoridades del Instituto y en particular el cliente directamente interesado en este problema (Pemex) acogieron este trabajo, que produjo resultados halagüeños, determinó que una gran parte del grupo abandonara el IMP para continuar con el estudio de propiedades físico-químicas de fluidos en el actual Departamento de Física de la UAM-Iztapalapa. Todavía en el IMP esta labor se continuó hasta hace escasos dos años, por lo menos con el grado de excelencia y fecundidad que exhibió en el pasado. También en la Facultad de Ingeniería de la UNAM existe ya desde hace varios años un grupo de investigación dedicado a obtener datos P(resión) V(olumen) T(emperatura) para caracterizar las propiedades de los gases que usualmente se obtienen como parte inseparable de los pozos productores de petróleo. En el año 1982, el autor de este artículo fue invitado a formar parte del Subcomité de propiedades de Transporte de la Unión Internacional de Química Pura y Aplicada para contribuir a la formulación de bancos de datos para hidrocarburos simples y sus mezclas. Los fluidos que se nos asignaron para estudiar fueron el CH_4 (metano), C_2H (etano). y C_2H_4 (eteno), como líquidos y gases lejos de la región crítica. Un grupo del Departamento de Física de la UAM-Iztapalapa ha logrado ya resultados concretos tanto en aspectos teóricos del problema [20] como en resultados aplicados [21]. Que otros grupos de esta naturaleza existan en el país es incierto. Bufete Industrial, una de las compañías más grandes en México especializada en la elaboración de la ingeniería de detalle en procesos químicos, formó un grupo de esta índole hace ya algunos años. No obstante estos esfuerzos, si aspiramos a convertir nuestra industria química y petroquímica en una menos dependiente de la tecnología extranjera, deberíamos impulsar las actividades en estos renglones que ya se realizan en algunos centros de investigación del país. Repito, ni es costoso, ni es imposible, y podría ser muy útil. Tanto el potencial humano como el material necesario para ello ya existen en nuestro país.

REFERENCIAS

[1] García-Colín, L., *Rev. Mex. Fís. 29*: 313, 1983.

[2] García-Colín, L., *La ciencia y la tecnología en México*, México, Conacyt, 1985, p. 73.

[3] Malo, S., "El Sistema Nacional de Investigadores", en *Ciencia y Desarrollo*, México, Conacyt, vol. XII, núm. 67, 1986, p. 55.

[4] Contreras, R. *et al.*, "Diagnóstico y análisis de la química en México", en *Ciencia y Desarrollo*, México, Conacyt, vol. XI, núm. 66, 1986, p. 35.

[5] Mateos, G.J.L., "Situación actual de la ingeniería en química", en *Ciencia y Desarrollo*, México, Conacyt, vol. IX, núm. 49, 1983, p. 27.

[6] García-Colín, L., "La ciencia en la industria petrolera", en *Memorias de El Colegio Nacional*, tomo IX, 1986 (en prensa).

[7] García-Colín, L., *Realidad y demagogia sobre la tecnología en México*, México, Premiá (en prensa).

[8] García-Colín, L., *Introducción a la termodinámica clásica*, México, Trillas, 3a. ed., 1986 (véase el cap. 4).

[9] Véase la referencia [7], cap. 8.

[10] Véase la referencia [7], cap. 8.

[11] Reid, R.C., Prausnitz, J.M. y Sherwood, T.K., *The properties of gases and liquids*, Nueva York, McGraw-Hill, Book Co., 1977, cap. 1.

[12] Kestin, J., "Thermophysical properties in science and industry", Proc. 8th Symposium Thermophysical Properties, J.V. Sengers (comp.), *Am. Soc. Mech. Eng. 1*: 1, 1982.

[13] Najjar, M.S., Bell, K.J. y Maddox, R.N., *Heat Transfer Engineering 2*: 27, 1981.

[14] Powell, R.W., Ho, C.Y. y Liley, P.E., "Thermal conductivity of selected materials", *NSRDS-National Bureau of Standars 8*, noviembre de 1966.

[15] Zudkevitch, D., *Hydrocarbon Processing 54*: 97, 1975.

[16] Prausnitz, J.M., *Science 205*: 759, 1979.

[17] Lee, J.P. y Sears, F.W., *Thermodynamics*, Reading, Massachusetts, Addison Wesley Publ. Co., 2a. ed., 1963, p. 334.

[18] Basu, R.S., Sengers, J.V. y Levelt-Sengers, J.M.H., *J. Thermophysics 1*: 33, 1980.

[19] Véase la referencia [11], cap. 1.

[20] Velasco, R.M. y Uribe, F.J., *Physica 135A*: 339, 1986.

[21] Uribe, F.J. y Velasco, R.M., *Ninth European Conf. on Thermophysical Properties*, Londres, Roy Taylor, Pion Limited, 1985, p. 635.

ESBOZO DE LA INGENIERÍA EN MÉXICO: INDUSTRIA, ENSEÑANZA, INVESTIGACIÓN Y SERVICIOS

DANIEL RESÉNDIZ*
JORGE ELIZONDO**

INTRODUCCIÓN

En su sentido original y más amplio, la ingeniería es el arte de aplicar conocimientos científicos a la transformación, aprovechamiento o protección de la naturaleza. Si se hiciera caso de tal definición, todas las disciplinas tecnológicas quedarían allí incluidas, pero en general se asume el término ingeniería en su sentido corriente, más restringido, que abarca sólo a las profesiones que conservan en su denominación el sustantivo *ingeniería* matizado por algún adjetivo: civil, química, mecánica, eléctrica, electrónica, etc. Aun así el campo es amplísimo, pues existen en México cerca de 200 especialidades de la ingeniería sobre las que se ofrecen estudios de licenciatura. Por esa extensión y por el número de facetas que del tema se busca describir, este trabajo no es sino un esbozo susceptible de afinación y correcciones.

Las enormes y crecientes conexiones entre la ingeniería moderna y la ciencia, por un lado, y entre la ingeniería y el desarrollo económico, por otro, obligan a comenzar con una reflexión sobre el carácter de tales relaciones.

* Facultad de Ingeniería, Universidad Nacional Autónoma de México; secretario general del Conacyt.

** Director adjunto de Planeación del Conacyt.

Es inherente a la naturaleza humana tender a transformar todo conocimiento en un medio para la acción. Este hecho tiene varias implicaciones importantes: 1] que la ampliación del conocimiento produce necesariamente un crecimiento de la capacidad práctica; 2] que la educación y la investigación son los instrumentos más poderosos de desarrollo; 3] que la expansión del conocimiento científico y la explosión del desarrollo tecnológico que caracterizan nuestro tiempo se realimentan tanto a sí mismas como mutuamente; 4] que la ciencia se traduce inevitablemente en tecnología, parte de ella ingeniería. Estas aseveraciones tienen validez universal, pero la rapidez y efectividad con que ocurren las transformaciones a que se refieren no es la misma en todos los países o comunidades porque están condicionadas por patrones culturales, recursos materiales y capital acumulado.

Así, pues, el proceso de transformación del conocimiento en saber-hacer, en un ámbito determinado, no es lineal ni instantáneo. Está influido por la importancia cultural que se atribuye a tal proceso y por los recursos que se asignan para su realización. Está condicionado además por los mecanismos internacionales de transferencia del conocimiento mismo, pues si bien es cierto que la mayor parte del conocimiento básico acumulado por la humanidad está disponible a muy bajo costo y circula casi libremente, el costo y las restricciones de circulación se incrementan conforme el conocimiento tiene más utilidad inmediata o mayor potencial práctico.

De la dinámica interna de la ciencia y la ingeniería dice mucho el siguiente ejemplo. Aunque ya se contaba con ingeniería desarrollada en muy diversos aspectos, los esfuerzos de Charles Babbage por construir una máquina calculadora en 1842 no llegaron a buen término porque los elementos con que contaba para producir los componentes, de tipo mecánico, no eran adecuados. Después de veinte años de esfuerzos y 17 000 libras de la Royal Society y del gobierno inglés, éste le retiró su apoyo. Una porción de su máquina se encuentra en un museo de Londres. Parte de las ideas de Babbage, tomadas de los procesos de producción textil, se aplicaron 50 años después, cuando Hollerit diseñó las tarjetas perforadas, con lo cual redujo a un tercio el tiempo de cálculo de los censos demográficos de entonces. Cuando la ingeniería progresó en el maquinado de piezas, IBM realizó el sueño de Babbage (¡112 años después!) construyendo en 1944 las primeras ruidosas máquinas de calcular de uso general llamadas ASCC (Automatic Sequence Controlled Calculator). Pero el siguiente adelanto, originado en una rama científica diferente, sólo tardó dos años: Eckert y Mauchly, de la Universidad de Pensilvania, construyeron una máquina que funcionaba con válvulas electrónicas en vez de mecánicas; aparte de los mecanismos de entrada y salida, la máquina no tenía elementos móviles. Este famoso computador, el ENIAC (Electronic Numerical Integrator and Calculator), podía procesar en una hora lo que las mecánicas hacían en una semana. El aparato ocupaba 135 metros cuadrados, pesaba cerca de 30 toneladas, tenía 19 000 bulbos, varios kilómetros de cables y 500 000 conexiones, que los autores tardaron dos años y medio en soldar. La mayor parte de la energía que consumía se transformaba en calor, razón por la cual requería de una gran instalación de enfriamiento y operaciones de mantenimiento frecuentes. Un bulbo se quemaba cada siete y medio minutos y tenía que detectarse cada vez cuál de ellos era el que había fallado. A pesar de ello, la ENIAC asombró; en 1951 se comercializó y algunas grandes organizaciones pudieron contar con una de estas máquinas.

Entró entonces en escena el transistor, mucho más pequeño, barato y confiable que el bulbo. Sus orígenes están en la física del estado sólido; fue desarrollado en los laboratorios Bell en 1947 y para los años sesenta se introdujo en las computadoras. La reducción del voltaje de operación que esto trajo permitió que las dimensiones de los circuitos se redujeran también y pudieran imprimirse sobre tabletas del tamaño de un cuaderno. Al reducirse los costos, las empresas medianas y las universidades pudieron contar con esta clase de computadoras. Hoy, en los países avanzados, computadoras comparables están a punto de quedar al alcance de cada individuo. Gracias a los microcircuitos, las computadoras de hoy son, en comparación con las de hace 35 años, 300 000 veces más pequeñas y entre 10 000 y 100 000 veces más rápidas y baratas. Y la tendencia sigue. ¿A qué otro hecho se le puede llamar revolucionario?

La historia de la humanidad ha sido una sucesión de descubrimientos e invenciones, cada una con sus pequeñas o grandes consecuencias. Una innovación incubada en Sevilla y nacida en Pachuca en 1577 —el proceso de amalgamación para el beneficio de los minerales de plata— incrementó enormemente la producción minera, primero en la Nueva España y luego en el mundo entero; enriqueció al imperio español y a sus banqueros alemanes, alimentó la inflación en toda Europa, aceleró la redistribución de la riqueza, la ambición y el poder, y contribuyó a la transformación de medio mundo.

Pero además de sus efectos sociales, a veces de gran escala, entre las consecuencias de cada descubrimiento o invención siempre está la de preparar el clima, el terreno y la semilla para nuevos descubrimientos e invenciones. El ingenio humano y sus creaciones tienen efectos multiplicadores que son bien conocidos, aunque en algunos países todavía no hayamos aprendido del todo a aprovecharlos. Ese efecto en cadena es el que multiplica las ventajas de los países más activos en los campos científico y tecnológico y el que ha dado lugar a la aceleración de curso de la historia, que en nuestro tiempo se ha vuelto evidente, casi perceptible. Así, los siglos XIX y XX han visto un alud creciente de invenciones que han dado origen a nuevos productos, nuevos métodos de producción, abundancia de satisfactores, mayor diversidad de ocupaciones para el hombre y, en general, una vida más rica para la mayoría de los seres humanos.

Es muy claro, sin embargo, que esa misma dinámica tiende a concentrar los beneficios del avance técnico en las comunidades que son capaces de prepararse y organizarse específicamente para tal fin. Los reajustes económicos mundiales que ahora mismo suceden son buena evidencia de ello. El gran reto de México es lograr precisamente eso: organizarse para usar el conocimiento científico y sus consecuencias tecnológicas para su bienestar, si bien nuestra crisis actual es el indicador de que aún no atinamos a hacerlo.

ALCANCE

Sería excesivo pretender tocar aquí todo lo que caracteriza el estado actual de la ingeniería del país y todas las variables que pueden condicionar o estimular su desarrollo futuro, endógeno o inducido desde el exterior. Pero no se podría comprender lo que es la ingeniería en el país, ni entender sus problemas y vislumbrar sus posibilidades a futuro, si no se bosquejan con perspectiva histórica por lo menos las siguientes de sus facetas: 1] el estado tecnológico de ciertas ramas industriales, 2] la enseñanza de la ingeniería en el nivel de licenciatura, 3] la investigación en ingeniería, 4] la educación de posgrado en el mismo campo y 5] la disponibilidad de agentes tecnológicos o medios de enlace entre la información científico-técnica y la producción. Esos cinco aspectos determinan, en efecto, la trama en que se da y se desarrolla la ingeniería en cualquier país.

La tecnología industrial en uso y los mecanismos de su adquisición revelan nuestra posición relativa y el grado de desarrollo de nuestro potencial productivo; muestran el nivel en que se practica usualmente la ingeniería y determinan la naturaleza y magnitud de las tareas por realizar; revelan también rasgos de la demanda presente y futura de ingenieros y técnicos, y sus características.

La enseñanza de la ingeniería en el nivel de licenciatura determina la oferta de personal especializado para las tareas ordinarias de la planta industrial. Éste es el nivel de preparación que hace posible la aplicación racional de las tecnologías disponibles y la adopción rápida y extensa de innovaciones generadas en cualquier parte. Mide, pues, la fortaleza y el nivel operativos de la técnica nacional.

La magnitud y variedad del esfuerzo de investigación en ingeniería y campos afines determina a su vez la pujanza y el potencial de innovación técnica endógena del país. La estructura de las instituciones de investigación, su mecánica de selección de problemas y la naturaleza de sus vínculos con las empresas productivas y con las instituciones educativas retratan la eficacia del esfuerzo innovador. El éxito de sus resultados en el mercado ofrece una manera de calificar la eficacia de la política nacional de desarrollo tecnológico.

De la educación de posgrado, el atributo clave es su ubicación con respecto a los grupos de investigación. Su matrícula en relación con la de licenciatura determina la fortaleza estructural del sistema de formación de recursos humanos; mide el grado de modernidad de éste, su potencial y capacidad endógena de renovación y su grado de aprovechamiento de la infraestructura científica del país.

Finalmente, la calidad y extensión de los servicios de ingeniería que ofrecen los agentes tecnológicos nacionales, las fuentes de información de que se nutren, la correspondencia entre su estructura y la productiva y las características de sus relaciones con las organizaciones de producción y con las de investigación e información, dicen mucho sobre el grado de autodeterminación y el dinamismo técnicos del país. En particular, la existencia, accesibilidad y grado de utilización de bancos de información técnica permiten estimar en qué medida el país busca evitar esfuerzos inútiles u onerosos y el cuidado que observa en la utilización de sus recursos para la innovación y en el uso del conocimiento libremente disponible en el mundo.

SITUACIÓN TECNOLÓGICA EN ALGUNAS RAMAS PRODUCTIVAS

El modo de industrialización que siguió el país durante décadas, basado en la sustitución de importaciones con protección del mercado interno, propició una tasa anual promedio de crecimiento del PIB superior al 6% entre 1940 y 1970, y tasas de inversión industrial aun mayores. Esto se logró mediante el fomento a la producción de bienes de consumo e intermedios y facilitando la importación de bienes de capital y tecnología no incorporada. Así, paralelamente al desarrollo industrial se crearon condiciones de dependencia tecnológica que recientemente han aflorado como uno de los más graves problemas estructurales del sector productivo nacional: no se fabrican en México los bienes de capital que la continuación del proceso de industrialización requiere; no se tiene la costumbre de competir con productos extranjeros y no se dispone de tecnologías propias para tal competencia externa.

Tres ramos productivos pueden ejemplificar esta situación:

En el ramo de la producción de maquinaria, en 1981 se importaban 94% de las máquinas herramienta, 99% de la maquinaria textil, 30% del equipo de perforación,

47% de las bombas y compresores, 34% de la maquinaria y equipo eléctrico, 100% de las turbinas y 25% de la maquinaria agrícola [1].

En el ramo de la petroquímica, un análisis de los contratos de transferencia de tecnología vigentes en 1982 mostró que el origen de la tecnología era extranjero en 75% para petroquímica básica, 69% para productos intermedios, 88% para resinas y elastómeros, 94% para fibras y 80% para especialidades [2].

En la industria químico-farmacéutica, la ruta del progreso que han seguido las empresas mexicanas es la de hacer desarrollo tecnológico inverso, que consiste en desarrollar los procesos productivos de principios activos ya conocidos y probados en el mercado internacional. Gracias a la legislación nacional vigente de 1976 a 1986, que impedía patentar productos o procesos farmacéuticos, las empresas nacionales contaron con la protección necesaria para desarrollarse en el sentido apuntado. Empero, la nueva ley en la materia, aprobada por el Congreso a fines de 1986, determina que estas condiciones prescriban en un plazo de diez años. El reto para la industria farmacéutica nacional es formidable si se tiene en cuenta que las emprsas trasnacionales de este ramo invierten en desarrollo tecnológico cerca del 5% de sus ventas totales.

Sin embargo, aun con la ventaja que ha significado producir en México medicamentos sin pago de regalías, el grado de integración logrado por la industria farmacéutica y químico-farmacéutica nacional es bajo, y sigue siendo necesario importar gran variedad de productos intermedios.*

Otra manera de apreciar el estado de desarrollo técnico de las actividades económicas nacionales, y en par-

* A pesar de que desde 1982 se avanzó en este aspecto mediante el Programa Integral de Apoyo a la Industria Farmacéutica Nacional.

ticular de la industria, en relación con las mismas en países avanzados, es comparar el número relativo de ingenieros ocupados en dichas actividades. En el cuadro 1 se muestra dicha comparación para diez sectores económicos en México y cuatro países industrializados. Se observa que, usando como indicador el número de ingenieros por cada mil personas ocupadas en cada sector, el grado de tecnificación de México es satisfactorio en minería, construcción y servicios públicos, pero muy bajo en casi todos los otros sectores, especialmente en la industria de manufacturas y en transporte y almacenamiento, comunicaciones y comercio. Un hecho curioso y notable que también se revela en la tabla 1 es que en México hay un alto número de ingenieros laborando en el sector financiero, quizá como consecuencia de las remuneraciones relativas de ese sector en comparación con otros.

ENSEÑANZA EN EL NIVEL DE LICENCIATURA

Hace casi 200 años se creó el Real Seminario de Minería, en concordancia con las necesidades productivas de la época; en él se formaban —además de ingenieros mineros— agrimensores y geógrafos. Durante la Colonia también se fundó la Real Academia de Bellas Artes de San Carlos, en la que se enseñaba técnica de construcción, que luego dio lugar a la carrera de ingeniero civil. Durante la Reforma se creó la Escuela Nacional de Artes y Oficios y la Escuela Especial de Ingenieros, que en los primeros años del porfiriato cambió su nombre por el de Escuela Nacional de Ingenieros. En esta escuela se cursaban en 1868 estudios de ingeniero civil, mecánico, topógrafo, hidromensor, geógrafo e hidrógrafo, además de los de minero y de metalurgista. Antes de terminar el siglo se establecieron los estudios de inge-

CUADRO 1

INGENIEROS POR CADA MIL PERSONAS OCUPADAS (1970) [9]

	México	*EU*	*Canadá*	*Suecia*	*RFA*
Agricultura	1	2	1	1	0
Minería	30	30	30	59	24
Construcción	20	22	9	63	24
Manufacturas	8	33	17	68	22
Transporte y almacenamiento	2	7	16	19	12
Comunicaciones	14	41	23	54	23
Servicios públicos	43	43	53	59	47
Comercio	12	56	81	228	172
Finanzas	10	3	3	11	9
Servicios	7	13	13	40	22

niero industrial (1879), ingeniero electricista (1889, ocho años después de que en la ciudad de México se utilizó por primera vez la luz eléctrica) e ingeniero sanitario (1898).

A pesar de esto la práctica de la ingeniería dependía considerablemente del extranjero: casi todas las obras públicas, como caminos, canales, ferrocarriles y plantas hidroeléctricas, fueron diseñadas por ingenieros foráneos. Se considera que fue en 1926 cuando la ingeniería civil mexicana se volvió autosuficiente [3]; en ese año el gobierno de Calles crea la Comisión Nacional de Caminos y la Comisión Nacional de Irrigación.

En 1968, cien años después de fundada la Escuela Nacional de Ingenieros, el país contaba con 70 escuelas de ingeniería y 44 000 alumnos inscritos en 19 carreras. Se enseñaba ingeniería en 24 universidades y 14 institutos tecnológicos distribuidos en 25 entidades federativas. Las especialidades, sin embargo, no habían cambiado esencialmente, pues a las creadas en el siglo XIX se sumaron solamente las de ingeniería química, textil, petrolera, aeronáutica, de transmisiones, de comunicaciones y electrónica. Pero tres carreras, las de ingeniero civil, mecánico electricista y químico, abarcaban casi 60% de la matrícula total en las ingenierías. La concentración por instituciones también era notable: las facultades de Ingeniería y de Química de la Universidad Nacional Autónoma de México y las Escuelas Superiores de Ingeniería Mecánica y Eléctrica y de Ingeniería y Arquitectura del Instituto Politécnico Nacional sumaban, juntas, alrededor de 50% de la matrícula de todas las carreras de ingeniería. Sólo otra escuela, la Facultad de Ingeniería Mecánica y Eléctrica de la Universidad de Nuevo León, tenía más de 1 000 alumnos en esa fecha [4].

En 1970 la matrícula en las ingenierías representó 32.3% de la matrícula total en educación superior. Para 1975 el porcentaje bajó a 30.9, pues en esos 5 años la matrícula en las ingenierías creció 13.2% anual, mientras que la matrícula total lo hizo en 14.3 anual. De 1975 a 1980 la matrícula total aumentó 12.1% anualmente, mientras que la de las ingenierías se desaceleró a 8.6% al año, de manera que su participación en el total disminuyó a 26.3. Cabe mencionar que en este periodo la matrícula en las humanidades y en las ciencias sociales y administrativas, con crecimiento de 11.7% anual, aumentó su participación en el total de 43.1 a 45.7 por ciento (véase el cuadro 2).

En 1984 se inscribieron 257 130 alumnos en las 182 carreras que se ofrecieron en 259 escuelas. Aproximadamente dos tercios se inscribieron en las 19 carreras que ya existían en 1968 y un tercio, 92 500 alumnos, lo hizo en 163 nuevas carreras. Las carreras tradicionales que aumentaron más rápidamente que el promedio de las ingenierías en el periodo 1968-1984 fueron la de ingeniero en comunicaciones y electrónica y la de topógrafo; en cambio, decrecieron su matrícula en términos absolutos las de ingeniero en transmisiones, municipal y minero.

El fenómeno más notable del periodo 1968-1984 es el

CUADRO 2

LICENCIATURA. MATRÍCULA POR ÁREAS DE ESTUDIO [10]

Áreas de estudio	*Años*							
	1970		*1975*		*1980*		*1984*	
	Núm.	*%*	*Núm.*	*%*	*Núm.*	*%*	*Núm.*	*%*
1. Ciencias exactas y naturales	9 250	4.37	16 277	3.94	22 905	3.13	28 444	3.03
2. Ciencias agropecuarias	7 522	3.55	21 945	5.32	66 571	9.10	88 758	9.45
3. Ciencias de la salud	35 346	16.69	89 429	21.66	157 342	21.52	135 651	14.43
4. Ingeniería y tecnología	68 363	32.27	127 346	30.85	192 233	26.29	257 130	27.37
Subtotal	120 481	56.88	254 997	61.77	439 051	60.04	509 983	54.28
5. Ciencias sociales y administrativas	84 905	40.08	147 558	35.74	272 249	37.23	401 543	42.74
6. Educación y humanidades	6 440	3.04	10 282	2.49	19 991	2.73	27 987	2.98
Subtotal	91 345	43.12	157 840	38.23	292 240	39.96	429 530	45.72
Total	211 826	100.0	412 837	100.0	731 291	100.0	939 513	100.0

aumento en el número de carreras impartidas: en los dieciséis años transcurridos se crearon 163 nuevas profesiones en el área de ingeniería. En ciertas instituciones se ramificaron en especialidades algunas de las carreras tradicionales; tal es el caso de la ingeniería civil, en la que ahora se ofrecen títulos de licenciado en restauración de bienes muebles, edificador de obras, ingeniero hidroagrícola, en estructuras, obras hidráulicas, obras portuarias, vías terrestres, construcción urbana, servicios públicos y desarrollo de la comunidad; de ingeniero industrial ahora se puede elegir entre 18 profesiones, que incluyen títulos como ingeniero industrial en administración, control de calidad, mecánica, térmica, microbiología, pulpa y papel y transformación de productos agropecuarios. Hay evidencias de que en muchos casos esta estrecha especialización está dificultando el ajuste de la oferta y la demanda de empleo, aparte de deteriorar otros aspectos de la formación de los estudiantes de tales especialidades.

De las nuevas carreras destacan los siguientes cuatro grupos: las 18 en ingeniería industrial, con 28 566 matriculados; las 22 en computación y sistemas, con matrícula de 17 538; las 13 de diseño industrial, con 5 249, y las 12 en tecnología de alimentos, con 4 447 (véase el cuadro 3).

La enseñanza de la ingeniería se ha desconcentrado en los últimos 15 años: hay más carreras y más escuelas en más ciudades del país. Además se ha desconcentrado la matrícula por carreras: los grupos de ingeniería civil, mecánica, eléctrica y química han disminuido su participación, de 60% de la matrícula en 1968 a 34% en 1984.

La eficiencia terminal de las escuelas de ingeniería, medida por la relación egreso/ingreso, es menor que en otras áreas. Mientras que en ingeniería ese indicador pasó de 0.32 en 1980 a 0.35 en 1984, en ciencias de la salud subió de 0.54 a 0.68, en ciencias agropecuarias de

0.34 a 0.52, en humanidades y ciencias sociales y administrativas de 0.32 a 0.41 y en ciencias exactas y naturales de 0.20 a 0.39 (véase el cuadro 4).

La información precedente muestra, por una parte, que la enseñanza de la ingeniería ha seguido el desarrollo de las actividades productivas y la demanda de nuevas especialidades, llegando algunas veces a la sobrespecialización; y, por otra parte, que el crecimiento de

CUADRO 3

LICENCIATURA EN INGENIERÍA: MATRÍCULA POR GRUPOS DE CARRERAS EN 1984 [11]

Grupos de carreras	*1984*
Ingeniería civil	41 375
Arquitectura	36 605
Ingeniería industrial	28 566
Ingeniería mecánica y eléctrica	27 558
Ingeniería química	20 694
Computación y sistemas	17 538
Ingeniería eléctrica y electrónica	16 165
Diseño industrial	5 249
Tecnología de alimentos	4 447
Ingeniería extractiva, metalúrgica y energética	3 535
Ingeniería topográfica e hidráulica	3 205
Ciencias de la tierra	2 759
Ingeniería bioquímica	1 868
Ingeniería naval	860
Ingeniería pesquera	818
Ingeniería de los transportes	455
Aeronáutica	383
Ingeniería textil	324
Tecnología de la madera	260
Ingeniería biomédica	241
Ingeniería física	183
Ecología	48
Planeación	34
Tronco común	43 960
Total	257 130

CUADRO 4

LICENCIATURA. INGRESOS Y EGRESOS 1980 Y 1984 [10]

	1980			*1984*		
Áreas de estudio	*Ingreso*	*Egreso*	*E/1*	*Ingreso*	*Egreso*	*E/1*
1. Ciencias exactas y naturales	7 770	1 586	.20	6 850	2 709	.39
2. Ciencias agropecuarias	16 688	5 709	.34	19 331	10 116	.52
3. Ciencias de la salud	33 113	18 051	.54	27 177	18 740	.68
4. Ingeniería y tecnología	53 939	17 656	.32	63 243	22 617	.35
Subtotal	111 510	43 002	.38	110 601	54 182	.48
5. Ciencias sociales y admistrativas	76 952	25 023	.32	101 257	41 596	.41
6. Educación y humanidades	8 107	1 547	.19	7 276	3 010	.41
Subtotal	83 059	26 570	.31	108 533	44 606	.41
Total	196 569	69 572	.35	225 134	98 788	.43

matrícula, especialidades y escuelas no ha estado acompañado de crecimiento en la eficiencia terminal. Este último hecho y el mito imperante entre los estudiantes del bachillerato sobre el difícil aprendizaje de las ciencias físicas y matemáticas conforman lo que subyace a la declinación que ha sufrido el interés de los jóvenes por las carreras de ingeniería, y esto, a su vez, explica el hecho de que la tasa de crecimiento de la matrícula en este campo sea menor que en otros e inferior a la que requiere el país, como se verá adelante.

INVESTIGACIÓN EN INGENIERÍA

La investigación en ingeniería se inició en el Real Seminario de Minería a fines del siglo XVIII, pero esa etapa fue de corta duración. Renació en la segunda mitad del siglo XIX para ocuparse principalmente de las áreas de minería, química mineralógica, hidrología y geografía. En el Primer Congreso Científico Mexicano, organizado por la Sociedad Científica Antonio Alzate en 1912, los ingenieros, que presentaron la cuarta parte de las ponencias, trataron, entre otros temas: construcción en concreto armado, determinación del valor de la aceleración de la gravedad, cianuración de metales, cartografía y patentes de invención [5].

Sin embargo, la investigación que en este campo se realizó en México hasta 1956 fue mérito de individuos bien dotados, que en la práctica profesional encontraban motivación, temas y recursos para la investigación. Ese año marca el inicio de las actividades de investigación con responsabilidad institucional al crearse el Instituto de Ingeniería, que hoy pertenece a la UNAM. No obstante, antes había existido una institución pionera y ejemplar: los Laboratorios de Ingeniería Experimental de la Comisión Nacional de Irrigación, donde maduró una destacada generación de ingenieros civiles innovadores que incluía a Fernando Hiriart, Raúl Sandoval Landázuri, Fernando Espinosa y Nabor Carrillo, entre otros. También constituyen antecedentes, aunque de menor impacto, el Instituto Mexicano de Investigaciones Tecnológicas, fundado en 1946, y la Comisión Nacional de Energía Nuclear, creada en 1955.

El caso del Instituto de Ingeniería es importante e ilustrativo en muchos aspectos del desarrollo moderno de las ciencias aplicadas en México [6]. Un grupo de destacados educadores, ingenieros e industriales concibieron en 1955 la idea de que, al lado de los entonces existentes institutos de ciencias básicas y humanidades de la UNAM, se creara uno de investigación en ingeniería, disciplina que no contaba con un centro de investigación pese a su larga tradición en México. No había entonces en la UNAM una conciencia general de la importancia, para el país y para la propia universidad, de una iniciativa como ésa. En consecuencia, el proyecto no pudo materializarse de manera ordinaria, sino por vías heterodoxas: los autores de la iniciativa constituyeron en 1956 la asociación civil denominada Instituto de Ingeniería, la dotaron de un grupo de investigadores destacados, equipo de laboratorio, proyectos de investigación relevantes y recursos para realizarlos, y pusieron todo ello, incondicionalmente, al servicio de fines inequívocamente universitarios. Crearon incluso una asociación civil paralela, la Fundación Ingeniería, para canalizar fondos y proyectos de investigación hacia el naciente instituto.

La claridad de miras de los creadores del Instituto de Ingeniería, A.C., sus firmes propósitos de fomentar la investigación y la educación en ingeniería, y la impecable y altruista puesta en práctica de su proyecto determinaron que apenas un año después la entonces Escuela Nacional de Ingenieros de la UNAM, para convertirse en Facultad, lo adoptara como su División de Investigación y abriera el camino para que jóvenes ingenieros con inquietudes científicas obtuvieran grados de maestría y doctorado bajo la tutela de los grupos de investigación del Instituto de Ingeniería y con becas de la Fundación Ingeniería, A.C.

Así funcionó el Instituto durante 20 años, hasta que en 1976, por petición del Consejo Técnico de la Investigación Científica de la UNAM, el Consejo Universitario acordó de manera unánime, en sesión extraordinaria, modificar el Estatuto General de la UNAM para inscribir en él al Instituto de Ingeniería como dependencia universitaria.

La figura jurídica de asociación civil adoptada por el Instituto al nacer sirvió de modelo a decenas de instituciones de investigación creadas en los años subsecuentes. Además, los valores propugnados y practicados continuamente por el propio Instituto en cuanto al fomento de la investigación científica ligada a problemas de relevancia práctica determinaron que ya no se impugnara más en el medio universitario la investigación de las ciencias aplicadas y contribuyó a que en los años siguientes se multiplicaran los logros de la UNAM en este campo. En la década de los sesenta se crearon para ese fin el Centro de Cálculo Electrónico, después transformado en Instituto de Investigación en Matemáticas Aplicadas y Sistemas, el Centro de Materiales (hoy instituto) y el de Investigaciones Nucleares, y entre 1970 y principios de la década de los ochenta, el Centro de Ciencias del Mar y Limnología (hoy instituto), el de Ciencias de la Atmósfera, el de Fisiología Celular (ya instituto también), el de Investigación sobre Fijación de Nitrógeno, el de Ingeniería Genética y el de Desarrollo Tecnológico, todos ellos fuertemente orientados a la investigación aplicada, como lo indican sus nombres. Pero lo más importante ha sido que, a partir de valores expresados y practicados primero en el Instituto de Ingeniería, hoy casi todos los institutos y centros de investigación universitarios auspician proyectos de investigación aplicada, muchos de ellos de gran calidad y relevancia, lo mismo en las ciencias fisicomatemáticas que en las sociales y quimicobiológicas.

Después del Instituto de Ingeniería se fundan el Instituto Mexicano del Petróleo, en 1965, y el Instituto de Investigaciones de la Industria Eléctrica (ahora Instituto de Investigaciones Eléctricas) en 1968. Los tres son hoy las instituciones con el mayor número de investigadores en el campo de la ingeniería. En las 15 principales instituciones de investigación trabajaban, en 1969, 1 097 personas, de las cuales 453 tenían grado de licenciatura o un grado superior. Quince años después, en 1984, se encontraban investigando en temas de ingeniería 138 instituciones, con un total de 11 253 personas, 2 706 con grado igual o superior a la licenciatura.

El crecimiento del personal con grado igual o superior a licenciatura en los quince años transcurridos entre 1969 y 1984 se debió principalmente al aumento en sólo dos instituciones: el Instituto Mexicano del Petróleo y el Instituto de Investigaciones Eléctricas, que pasaron, respectivamente, de 64 y 33 en 1969 a 738 y 466 en 1984. En estas dos instituciones trabajaba 44% del personal de investigación y desarrollo en temas de ingeniería en México (véase el cuadro 5).

El crecimiento del número de instituciones se debió en gran parte a que este tipo de investigación ha penetrado en los centros de enseñanza superior; actualmente investigan en este campo 74 instituciones dependientes de universidades y tecnológicos: 8 en la Universidad Nacional Autónoma de México, 7 en el Instituto Politécnico Nacional, 2 en la Universidad Autónoma Metropolitana, 18 en las universidades de los estados, 31 en los tecnológicos regionales dependientes de la Secretaría de Educación Pública y 12 en universidades y tecnológicos privados. Sin embargo, en las 17 instituciones de los tres primeros organismos se concentran dos tercios del personal con grado de licenciatura o superior.

CUADRO 5

INVESTIGACIÓN EN INGENIERÍA. PERSONAL DE IDE, 1984 [12]

Institución	*Personal de IDE*
Instituto Mexicano del Petróleo	738
Instituto de Investigaciones Eléctricas	466
Instituto de Ingeniería, UNAM	130
Escuela Nacional de Estudios Profesionales Zaragoza, UNAM	87
Facultad de Ingeniería, UNAM	73
Escuela Superior de Ingeniería Mecánica y Eléctrica, IPN	58
Instituto de Investigaciones en Materiales, UNAM	58
División de Ciencias y Artes para el Diseño, UAM-Xochimilco	49
Instituto SEDUE	41
División de Ciencias y Artes para el Diseño, UAM-Azcapotzalco	36
Escuela Superior de Estudios Profesionales Acatlán, UNAM	33
Facultad de Estudios Superiores Cuautitlán, UNAM	32
Escuela Nacional de Estudios Profesionales Aragón, UNAM	32
	1 833
Otras instituciones (125)	873
Total	2 706

La desigual distribución del personal investigador muestra que la mayor parte de las instituciones no cuenta con "masa crítica". En 1984 sólo 7 instituciones tenían más de 50 investigadores, 41 entre 10 y 50 y la mayoría (84) tenían menos de 10. En el mismo año, el número de investigadores con grado de doctor era de 283, con grado de maestro 648, con especialidad 115 y con licenciatura 1 644; pero, de la misma manera que para el personal total de investigación, los doctores y maestros se concentraban en unas pocas instituciones.

De los aproximadamente 1 578 proyectos de investigación que se realizaban en 1984, 21.9% se orientaban a ingeniería de comunicaciones, electrónica y control, principalmente en computación, instrumentación y diseño de circuitos; 14% a ingeniería civil, principalmente en estructuras, construcción y sanitaria; 13.8 a ingeniería química; 13.6 a ingeniería mecánica; 10 a ingeniería industrial, y 9.9% a ingeniería eléctrica (véase el cuadro 6). Empero, en estas áreas no se cubren suficientemente algunas disciplinas de interés para el desarrollo tecnológico, como la de máquinas térmicas, turbinas, calderas y formado y corte de materiales.

CUADRO 6

PROYECTOS DE INVESTIGACIÓN EN INGENIERÍA, 1984 [12]

Área	*Porcentaje*
Comunicaciones, electrónica y control	21.9
Ingeniería civil	14.0
Ingeniería química	13.8
Ingeniería mecánica	13.6
Ingeniería industrial	10.0
Ingeniería eléctrica	9.9
Ingeniería minera	8.7
Ingeniería petrolera	5.0
Otras	3.1
Total	100.0

Exceptuando la metalurgia, se hace poca investigación en minería y casi no se trabaja en geología estructural, mecánica de rocas, prospección minera e ingeniería de yacimientos. Prácticamente tampoco se hace investigación en ingeniería nuclear, textil, aeronáutica y naval.

La capacidad de las instituciones es muy desigual: las

siete más grandes concentran 50% de los proyectos. En cada ramo de la ingeniería la investigación descansa en unas pocas organizaciones; a continuación se relacionan las que cubren la mitad de los proyectos en cada ramo, ordenadas con acuerdo a la magnitud de su participación:

- ☐ En ingeniería de comunicaciones, electrónica y control:
  Centro de Investigación y Estudios Avanzados, IPN
  Instituto de Investigaciones Eléctricas
  Escuela Superior de Ingeniería Mecánica y Eléctrica, IPN
  Instituto Mexicano del Petróleo
  Instituto de Ciencias, UAP
- ☐ En ingeniería química:
  Instituto Mexicano del Petróleo
  Instituto de Madera, Celulosa y Papel, Universidad de Guadalajara
  División de Estudios de Posgrado, Facultad de Química, UNAM
- ☐ En ingeniería mecánica:
  Instituto de Investigaciones Eléctricas
  Facultad de Ingeniería, UNAM
  Instituto de Ingeniería, UNAM
  Escuela Superior de Ingeniería Mecánica y Eléctrica, IPN
  Instituto Mexicano del Petróleo
- ☐ En ingeniería civil:
  Instituto de Ingeniería, UNAM
  Facultad de Ingeniería, UNAM
  División de Ciencias Básicas e Ingeniería, UAM-Azcapotzalco
  Dirección General de Grande Irrigación, SARH
- ☐ En ingeniería eléctrica:
  Instituto de Investigaciones Eléctricas
- ☐ En ingeniería industrial:

División de Ciencias Básicas e Ingeniería, UAM-Azcapotzalco
Dirección General de Ciencias y Tecnología del Mar, SEP
Centro de Investigación y Asistencia Tecnológica del Estado de Guanajuato

- ☐ En ingeniería minera:
Instituto de Investigaciones Metalúrgicas, Universidad Michoacana de San Nicolás de Hidalgo
División de Estudios de Posgrado, Facultad de Química, UNAM
División de Ciencias Básicas e Ingeniería, UAM-Azcapotzalco
Instituto Mexicano de Investigaciones Siderúrgicas
- ☐ En ingeniería petrolera:
Instituto Mexicano del Petróleo
- ☐ En ingeniería marítima y portuaria:
Dirección General de Flota e Instalaciones Portuarias Pesqueras, Secretaría de Marina
Instituto de Ingeniería, UNAM
Instituto de Ciencias del Mar y Limnología, UNAM

La publicación de artículos es exigua: en una muestra de cinco de las mayores instituciones el número de artículos publicados por cada 10 proyectos terminados es de 2.5 en revistas nacionales y 1 en revistas extranjeras; tesis doctorales, 0.3; tesis de maestría, 2, y tesis de licenciatura 4.3.

Con excepción del Instituto Mexicano del Petróleo y del Instituto de Investigaciones Eléctricas, que están estrechamente relacionados con sus respectivos sectores, y del Instituto de Ingeniería de la UNAM, que tiene ligas con varios, el resto de las instituciones tiene escasa o nula relación con el sector productivo. Aun en aquellos centros que fueron creados para dar servicios tecnológicos a la industria, su mayor fuente de ingresos es el Gobierno Federal.

EDUCACIÓN DE POSGRADO

Ya en los años veinte había estudios de posgrado en la Facultad de Altos Estudios de la Universidad Nacional, y en ella misma se creó en 1946 la Escuela de Graduados, cuyo Departamento de Ingeniería ofrecía el grado de maestro en ciencias a licenciados de ingeniería civil.

El crecimiento de programas y matrículas fue lento hasta 1970. En este año existían para todas las áreas del conocimiento 226 programas: 50 de especialización, 124 de maestría y 52 de doctorado.

Entre 1970 y 1984 la matrícula en el posgrado nacional creció a una tasa media anual de alrededor de 11%, tasa ligeramente inferior al crecimiento de la matrícula en licenciatura. En 1984, la matrícula en posgrado representó solamente 3.8% de la de licenciatura.

El nivel de especialización ha aumentado más rápidamente que el de maestría y éste que el de doctorado. No obstante, el número de estudiantes de maestría, con 63.3% de la matrícula total en 1984, supera con mucho al de los otros dos niveles (véase el cuadro 7).

CUADRO 7

POSGRADO. PROGRAMAS, 1970 Y 1984 [13,14]

	1970	*1984*
Programas de especialización	50	456
Programas de maestría	124	892
Programas de doctorado	52	147
Total	226	1 495

Del total inscrito en posgrado en 1984, 52% corresponde a las áreas científicas y tecnológicas y 48% a las sociales, administrativas y humanísticas. Las áreas de ciencias exactas y naturales, agropecuarias, de la salud e ingenierías cubren conjuntamente 83.6% de la matrícula en especialización, 36.6 de la de maestría y 34.4% del doctorado (véase el cuadro 8).

El 78.5% de la matrícula de 1984 en especialización corresponde a ciencias de la salud, mientras que en maestría el área más concurrida es la de ciencias sociales y administrativas con 53.3% y en doctorado la de educación y humanidades con 49.2 por ciento.

El número de instituciones* y el de programas han crecido más rápidamente que la matrícula: mientras que en 1970 había solamente 13 instituciones en donde se cursaban esta clase de estudios, en 1984 ya se contaban 125 y en ellas se ofrecían 777 posgrados diferentes; algunos de éstos se imparten en más de una institución, por lo que sumando todos los programas que se pueden cursar se obtienen 1 495, número compuesto por 456 especializaciones, 892 maestrías y 147 doctorados (véase el cuadro 7).

Para estudios de posgrado en ciencias exactas y naturales e ingenierías se cuenta con 52 programas de especialización, 315 de maestría y 55 de doctorado. Entre 1970 y 1984 la matrícula por programa disminuyó en el nivel de especialización de 46 a 26 alumnos y en el de maestría de 44 a 25, en tanto que en el doctorado subió de 5 a 9.

El gasto público en la educación de posgrado creció en términos reales a una tasa promedio superior a 20% anual en el periodo 1975 a 1982; en 1983 el gasto en pesos constantes disminuyó en relación con el año precedente como consecuencia de los problemas económicos que se presentaron en el país. Si bien la matrícula en posgrado representa 3.8% de la licenciatura, el gasto público en posgrado representa aproximadamente 9.9% del

* En este contexto, "institución" es una universidad o un instituto tecnológico, y no la escuela o facultad en la que directamente se imparten los cursos de posgrado.

CUADRO 8

POSGRADO. MATRÍCULA POR ÁREAS Y NIVELES DE ESTUDIO, 1984 [11]

	Niveles de estudio			
Áreas de estudio	*Especialización*	*Maestría*	*Doctorado*	*Total*
1. Ciencias exactas y naturales	76	2 115	1 214	2 405
2. Ciencias agropecuarias	47	743	18	808
3. Ciencias de la salud	9 201	1 298	99	10 598
4. Ingeniería	474	4 045	57	4 576
Subtotal	9 798	8 201	388	18 387
5. Ciencias sociales y administrativas	1 673	11 929	452	14 054
6. Educación y humanidades	253	2 259	437	2 949
Subtotal	1 926	14 188	889	17 003
Total	11 724	22 389	1 277	35 380

de licenciatura (véase el cuadro 9), y en ambos niveles la educación es casi gratuita en las instituciones públicas. En contraste, los alumnos mexicanos que estudian algún posgrado en el extranjero pagan cuotas de 10 a 15 mil dólares anuales.

Es notoria la reducida captación de egresados de licenciatura en los programas de posgrado de las ingenierías. En 1980, en el área de computación se encontraban matriculados en posgrado 80% de los egresados del periodo 1975-1979; en matemáticas, 47%; en educación, 46; en física, 42, y en artes 36%. En cambio, en las ingenierías ese porcentaje era solamente 3.7, el más bajo entre 20 áreas, con la excepción de derecho y odontología (véase el cuadro 10).

En 1984 se encontraban matriculados en el posgrado

CUADRO 9

GASTO PÚBLICO EN EDUCACIÓN SUPERIOR, 1975-1983 [15]
(*Millones de dólares*)

	Licenciatura	*Posgrado*
1975	143.0	11.4
1976	281.2	22.5
1977	332.3	26.3
1978	350.7	30.4
1979	354.7	36.4
1980	476.5	38.8
1981	593.5	45.8
1982	553.8	48.2
1983	422.6	42.0

de ingeniería (incluyendo arquitectura y computación) 4 576 alumnos, 12.9% del total matriculado en el posgrado nacional. De ellos, 4 045 estaban en maestría, 474 en especialización y 57 en doctorado. Las áreas más concurridas son Computación, Eléctrica, Electrónica, Civil y Planeación, que en conjunto abarcan más de 50% de la matrícula (véase el cuadro 11).

Por otro lado, podemos afirmar que se ha logrado cierto grado de desconcentración geográfica: mientras que en 1980 los cursos de especialización se impartían solamente en la ciudad de México, en 1984 el 72% de la matrícula se capta en instituciones de los estados. La matrícula en maestría en la ciudad de México se redujo de 62% en 1980 a 47 en 1984. Sin embargo, la concentración por instituciones sigue siendo notable: cuatro de las 50 instituciones que ofrecen cursos de posgrado (UNAM, IPN, ITESM y UANL) cubren 47% de la matrícula en maestría, y en la UNAM estaban matriculados 52 de los 57 alumnos del doctorado en 1984.

Pocos egresados obtienen el grado. Esto puede ilustrarse con el caso de la División de Estudios de Posgrado de la Facultad de Ingeniería de la UNAM, una de las

CUADRO 10

RELACIÓN DEL EGRESO DE LICENCIATURA Y LA MATRÍCULA DEL POSGRADO [16]

Área	*Egresados licenciatura 1975-1979*	*Matrícula posgrado 1980*	*%*
Computación	769	616	80.10
Matemática	1 110	522	47.03
Educación	1 815	834	45.95
Física	925	391	42.27
Artes	117	42	35.90
Ciencias humanas	2 696	706	26.19
Biología	2 214	557	25.16
Ciencias marinas	641	120	18.72
Medicina	39 011	5 904	15.13
Ciencias sociales	13 113	1 969	15.02
Administración	48 575	6 489	13.36
Alimentos	554	60	10.83
Economía	9 447	704	7.45
Arquitectura	9 100	569	6.25
Agronomía	9 237	567	6.14
Veterinaria	5 582	299	5.36
Química	8 839	346	3.91
Ingeniería	60 153	2 199	3.66
Derecho	29 876	1 016	3.40
Odontología	14 791	427	2.89

instituciones más antiguas, con mayor matrícula y más egresados: en los 27 años que van desde 1957, año de su fundación, hasta 1984, sólo ha otorgado el grado a 794 maestros y 28 doctores. Estas cifras contrastan con el número de mexicanos que se gradúan en instituciones extranjeras: se estima que en 1980 se encontraban en el extranjero estudiando el doctorado 375 ingenieros mexicanos, de los cuales cerca de 100 habrán obtenido el grado.

CUADRO 11

POSGRADO EN INGENIERÍA. MATRÍCULA POR ÁREA, 1984 [11]

Áreas	*Nivel de estudios*		
	Especialidad	*Maestría*	*Doctorado*
Ingeniería civil (incluye arquitectura)	211	1 108	34
Ingenierías mecánica, eléctrica y electrónica	10	705	6
Ingeniería en computación, sistemas, planeación e investigación de operaciones	166	1 210	4
Ingeniería química	—	201	—
Ingeniería industrial	36	180	—
Ingeniería minera, petrolera, metalúrgica	13	218	4
Tecnología de alimentos	—	224	—
Otras	38	199	9
Total	474	4 045	57

AGENTES TECNOLÓGICOS

A este grupo pertenecen las firmas de ingeniería y consultoría, los departamentos de ingeniería de las empresas productivas, los centros de información técnica y de extensionismo tecnológico, las publicaciones especializadas, etcétera.

En particular, los departamentos de ingeniería de las empresas públicas y privadas, las firmas de ingeniería y las de consultoría son las instancias en las que la información científica y técnica se transforma en diseños que se llevan a la práctica. Es por ello por lo que de estas actividades depende el dinamismo, la diversidad y la competitividad del aparato productivo nacional.

Los esfuerzos que se dedican a la enseñanza y a la investigación en ingeniería fructifican en la capacidad de los agentes tecnológicos para usar la información disponible y generar la ingeniería básica y de detalle, de procesos y productos, que requiere la planta productiva. Por otra parte, el volumen de sus actividades depende de la demanda de sus servicios por el lado del sector productivo.

El crecimiento de los servicios de ingeniería en México ha sido paralelo al de la enseñanza, la investigación y el grado de conciencia de los productores sobre la importancia de desarrollarse tecnológicamente.

Desde hace décadas existe autosuficiencia en los servicios ligados a la industria de la construcción, lo que ha permitido de manera concomitante la consolidación de firmas de diseño y consultoría, especialmente en ingeniería civil, algunas de las cuales incluso exportan servicios. En la exploración, explotación y refinación de petróleo también se han logrado avances considerables desde la creación del Instituto Mexicano del Petróleo. En diversas especialidades de química y petroquímica se ha progresado notablemente. Asimismo se ha producido tecnología propia en la generación de electricidad geotérmica; en cuanto a energía hidroeléctrica y termoeléctrica, importamos las turbinas, pero ya no el diseño de las plantas.

En los años próximos se espera un desarrollo mayor de los servicios de ingeniería orientados a las ramas de manufacturas, pues las tasas de cambio realistas y la apertura en comercio exterior conducirán a los productores a demandar más tecnología nacional.

Se conoce poco sobre la existencia y tamaño de los departamentos de ingeniería de las empresas y sobre la amplitud de las funciones tecnológicas que llevan a cabo, pero se sabe que muchas empresas grandes y algunas medianas cuentan con estos departamentos. Las ramas industriales cuyas empresas realizan más desarrollo tecnológico son las de química, farmacéutica y equipo eléctrico y electrónico, aunque debe tenerse en cuenta que una porción importante de las empresas de estas ramas son subsidiarias de matrices extranjeras. Por otra parte, en una muestra de 49 empresas medianas de la ciudad de Monterrey se detectó que un porcentaje relativamente alto (55%) ha pasado de la etapa de asimilación a la de adaptación o innovación.

En 1985 se detectaron 273 firmas de consultoría que ofrecen servicios tecnológicos en el campo manufacturero; de ellas, 144 prestan servicios en la selección de tecnología, 137 en la transferencia de ésta, 120 aplican tecnología proporcionada por el cliente, 204 hacen adaptaciones a la tecnología vigente y 203 desarrollan tecnología. Se localizan en el Distrito Federal 189, en Nuevo León 26, en el Estado de México 13, en Jalisco 12 y en el resto de los estados 33. Dos tercios de las empresas fueron fundadas después de 1974, lo que revela el surgimiento relativamente reciente de esta clase de servicios en el país.

Las ramas industriales que más demandan esta clase de servicios son las de sustancias y productos químicos, productos alimenticios (excepto bebidas), industrias metálicas básicas, fabricación de productos de minerales no metálicos, extracción de minerales metálicos, y construcción y ensamble de equipo de transporte (véase el cuadro 12). Las que menos demandan son las de fabricación de muebles, elaboración de bebidas, procesamiento de cuero (excepto zapatos) y fabricación de equipo científico y de medición o control.

En cuanto a información científica y técnica, dos servicios que fueron creados ex profeso por el Conacyt para cumplir esta misión son el Servicio de Consulta a Bancos de Información (Secobi) y el Fideicomiso de Información Técnica (Infotec).

Secobi comenzó a funcionar en 1976 ofreciendo acceso a 35 bancos internacionales de información a través de 17 terminales; en la actualidad da acceso a más de

400 bancos internacionales, los cuales están integrados en sistemas que almacenan más de 200 millones de referencias bibliográficas a través de 242 terminales; cuenta también con cuatro bancos nacionales, que se ampliarán próximamente a 22. La información que puede obtenerse a través de Secobi incluye información de carácter estadístico y económico, científico y tecnológico [7].

En relación con la investigación y la práctica profesional de la ingeniería, Secobi opera cerca de 100 bancos de información; de éstos los más empleados son los relativos a petróleo, patentes, química, microelectrónica, metalurgia y pesca, con más de 1 800 consultas anuales.

Infotec fue creado en 1975 con la finalidad de ayudar a la industria a incrementar sus capacidades tecnológicas. Cumple sus objetivos a través de la prestación de

CUADRO 12

RAMAS INDUSTRIALES MÁS ATENDIDAS POR LOS AGENTES TECNOLÓGICOS [17]

Ramas	*Núm. de agentes*
Fabricación de sustancias y productos químicos, productos de hule y plástico	123
Manufactura de productos alimenticios, excepto bebidas	110
Industria metálicas básicas	75
Fabricación de otros productos de minerales no metálicos	48
Extracción de minerales metálicos y plantas de beneficio	42
Construcción, ensamble, reconstrucción y reparación de equipo y material de transporte	41
Construcción de maquinaria, aparatos, accesorios y artículos eléctricos y electrónicos	36
Fabricación de productos derivados del petróleo y del carbón mineral	33

servicios de información, documentación y asesoría para diseño y operación de plantas industriales; ha establecido programas de noticias técnicas, servicio de búsqueda bibliográfica y de información sobre patentes y normas. Las ramas industriales a las que dirige prioritariamente sus servicios son las de bienes de capital, agroindustria, química y petroquímica secundaria. Cuenta con el mayor acervo informativo del país sobre normas técnicas nacionales e internacionales, patentes, catálogo de fabricantes y perfiles industriales; los usuarios tienen acceso a esta información a través de suscripciones o por consulta directa. Además de los servicios de información, Infotec ha desarrollado capacidad para asesorar a las empresas en diversos aspectos de su desarrollo tecnológico, entre los que se distinguen la identificación de fuentes de tecnología, valuación y negociación en la compra de tecnología, búsqueda de oportunidades de negocio, pronóstico de mercado, posicionamiento tecnológico y capacitación de personal para el control de calidad.

REFLEXIONES SOBRE EL ESTADO ACTUAL

Sobre la situación tecnológica industrial. A pesar de lo esquemático de la información cuantitativa disponible en este rubro, es evidente la necesidad de:

1] Incrementar la tecnificación de la mayoría de los sectores productivos mediante el incremento del número de ingenieros entre el personal empleado. Esto es particularmente urgente en la industria manufacturera, cuyo gran rezago en este indicador hace difícil la modernización deseada.

2] Diseñar políticas *ad hoc* de fomento tecnológico, de inversiones y de exportación en las ramas industriales con algunas ventajas comparativas o en las que tienen importancia estratégica. Entre las primeras están claramente indicadas la industria de la construcción (por su nivel técnico actual) y la petroquímica (por la abundancia relativa de materia prima y demanda potencial); entre las segundas, la farmacéutica, la informática, la de transportes y la de aplicación de la moderna biotecnología a diversos campos, incluso la producción primaria. Independientemente de las políticas específicas que se adopten, para todo ello se requerirá comenzar de inmediato a formar más y mejores ingenieros en diversas especialidades, algunas novedosas. Por ejemplo, las promesas que se vislumbran en la aplicación de la biotecnología básica no se podrán materializar sin una dotación suficiente de ingenieros bioquímicos, especialidad que hoy apenas existe en muy pocos países y que debe desempeñar el mismo papel que los ingenieros químicos tradicionales en otras ramas industriales.

3] Estimular el desarrollo nacional de bienes de capital para ciertas ramas industriales seleccionadas con base en la magnitud de su mercado nacional y las expectativas de exportación.

Sobre las licenciaturas en ingeniería. Los datos aquí presentados sobre este nivel educativo conducen a las siguientes reflexiones:

4] El hecho de que la tasa de crecimiento de la matrícula en las ingenierías se haya reducido paulatinamente desde 1970 y que el egreso se mantenga tan bajo, plantea un problema que involucra a todo el sistema educativo y cultural, pues tales hechos parecen derivarse de una baja calidad en la enseñanza de los principios, leyes, métodos y medios científicos en que se sustentan las actividades técnicas y de la poca atención y escaso reconocimiento que se da a las habilidades prácticas y tecnológicas.

5] Se han creado carreras que especializan innecesariamente al estudiante, pues estrechan el enfoque profesional, reducen su capacidad para enfrentar problemas complejos y le impiden comunicarse con especialistas de otros campos. En este sentido se tiene ya evidencia de escasez de generalistas en industrias como la construcción, que muestra signos de anquilosamiento después de décadas de avance.

6] Si México quiere ser efectivamente una potencia de nivel medio dentro de 25 años, los aproximadamente 100 000 ingenieros que hoy tiene en todas las especialidades deberán multiplicarse por 20 en ese lapso [8], lo que requeriría una tasa sostenida de crecimiento anual de 13% en los egresados, que es similar a la que se obtuvo entre 1970 y 1975, pero superior a la de años recientes. Es importante señalar que tal requerimiento puede satisfacerse aun con la matrícula actual y sus tendencias, siempre que la eficiencia terminal se incremente sobre el 35% actual. Esto exigirá asignar atención y recursos especiales a la educación superior en las ingenierías.

Sobre la investigación. Aquí los datos indican que:

7] Existen dos subconjuntos de instituciones de investigación en ingeniería claramente diferenciados: de un lado las que están bien dotadas de recursos humanos y materiales y que han logrado madurez y prestigio; y de otro, que son mayoría, las que no cuentan con personal y equipo suficientes, o no tienen establecidas relaciones permanentes con las empresas del sector productivo al que, en principio, están orientadas a servir.

8] Un buen número de instituciones de este segundo grupo fueron creadas como apoyo de las escuelas de posgrado, por lo que el personal de investigación está formado principalmente por profesores de tiempo completo con fuertes compromisos docentes. El hecho de que estos grupos de investigación no se hayan consolidado induce a pensar que en el futuro sería preferible invertir el orden de las acciones: primero crear y consolidar al grupo de investigación y en seguida abrir la inscripción de estudiantes de posgrado; el buen éxito de los pocos casos en que así se ha procedido refuerza la tesis.

9] Las áreas de investigación mejor cubiertas son las cultivadas en los centros del primer subconjunto, tal es el caso de la ingeniería petrolera, la eléctrica y la civil. Las dos instituciones que más proyectos de ingeniería química desarrollan son precisamente las que están claramente enlazadas con sendas ramas productivas. En ingeniería mecánica e industrial se cuenta con algunas instituciones de tamaño intermedio con capacidad suficiente, pero no han logrado relacionarse con los usuarios potenciales de sus servicios; cabe mencionar que esta ausencia de relación no implica sólo falta de demanda, sino también falta de vocación de servicio de los propios centros.

10] Una consecuencia grave de lo anterior es que la fuente de casi todo el financiamiento de la investigación en ingeniería es el gobierno federal, hecho que contrasta con lo que sucede en países con sistemas productivos bien desarrollados, donde el financiamiento empresarial supera el 50%. Esto no debe inducir a pensar que el remedio estaría en reducir el subsidio federal, pues tal medida desintegraría los pequeños grupos de investigadores existentes. Más bien debe diseñarse y sostenerse una política de fortalecimiento de los vínculos investigación-producción y programar la aportación futura de subsidios ligados al desarrollo de esos vínculos.

11] La nueva situación nacional e internacional a la que se enfrenta el sector productivo mexicano y la cada vez más escasa disponibilidad de recursos federales para la investigación hacen deseable que en el futuro se exploren las siguientes líneas de acción:

a] Dirigir los recursos del Estado hacia la creación o reforzamiento de centros de investigación de excelencia en las especialidades que tienen un amplio potencial de aplicación; se crearía así una red de instituciones nacionales que cubrirían las grandes necesidades nacionales de investigación en ingeniería.

b] Fomentar la creación de centros de asistencia tecnológica cuya propiedad corresponda mayoritariamente a empresas de una misma rama productiva, a fin de reducir la dependencia de fondos fiscales y lograr una efectiva vinculación entre los temas de investigación y los problemas concretos que enfrenta la planta industrial.

c] Lograr un compromiso eficaz de ambos tipos de instituciones de investigación con la formación de recursos humanos en el posgrado.

Sobre la educación de posgrado. Los datos expuestos en este rubro indican que:

12] La situación del posgrado en las ingenierías presenta un panorama similar al de los centros de investigación: en menos del 10% de las instituciones se concentra 47% de la matrícula en maestría y en una sola escuela 33% de la matrícula de doctorado; ésta, por otra parte, fue de solamente 57 alumnos en 1984, cifra insignificante en comparación con las necesidades del país y con los doctorados en ingeniería que se producen en cualquiera de los países que están modernizando su planta industrial.* Si a esto se añade que parece más difícil obtener el grado en México que en el extranjero, la conclusión es que nuestras instituciones de posgrado en ingeniería no están cumpliendo con su misión y deben ser revisadas a fondo. Cabe señalar, sin embargo, que la solución no está sólo en manos de ellas: también influye en su quehacer la calidad de la enseñanza en niveles previos, el dinamismo económico, el reconocimiento social a la alta especialización industrial y académica, etcétera.

13] Como en el caso de la investigación, en el futuro deberán atenderse prioritariamente las necesidades de aquellas escuelas de posgrado que demuestren tener ya

* Estados Unidos está produciendo cada año cerca de 4 mil doctores en ingeniería.

capacidad para producir posgraduados de alto nivel o estar en condiciones de abrir sus puertas a la colaboración que para ese fin les puedan brindar los grupos de investigación de otros centros que no participan actualmente en actividades educativas. Sólo así podrán crearse centros de excelencia en este nivel educativo.

14] Asimismo, una vez reconocida la existencia de modelos exitosos en este aspecto, conviene fomentar su emulación para que en otras instituciones académicas el proceso de creación de programas de posgrado comience por la integración y consolidación del grupo de investigación correspondiente.

Sobre los agentes tecnológicos. Con base en los datos presentados en este rubro se puede decir lo siguiente:

15] A diferencia de la enseñanza y, parcialmente, la investigación, que son patrocinados por el Estado, el desarrollo de los servicios de ingeniería y consultoría depende esencialmente de la oferta privada y de la demanda del sector productivo. El papel del Estado en este aspecto consiste en fomentar la demanda de tecnología nacional con estímulos fiscales y financieros a los empresarios que requieren esta clase de servicios. Pero el mayor estímulo para los productores es la convicción de que el gasto en desarrollo tecnológico de sus empresas constituye la inversión más redituable que pueden hacer. En otros términos, el mayor estímulo es el interés de los empresarios en ser competitivos, cosa que, después de decenios de protección comercial, será el factor que determine quiénes prevalecerán en el mercado.

16] Los agentes tecnológicos nacionales se verían fortalecidos también con un entorno de cultura técnica apropiado, mayor calidad de la enseñanza, uso más amplio de bancos de información nacionales e internacionales y una política sostenida de fomento a la exportación de sus servicios.

DEL PASADO AL FUTURO

Para sintonizarnos con lo que debemos enfrentar en el futuro tomemos una sola, si bien la más importante, de las grandes transformaciones técnicas que ya se viven: la microelectrónica.

La penetración de la microelectrónica en las sociedades, la nuestra inclusive, es ya enorme: nuevos sistemas de comunicación, automatización de ciertas tareas administrativas y manufactureras, sistemas bancarios electrónicos, bancos de información de acceso instantáneo, equipo de medición y control automáticos, nuevos aparatos domésticos y, desde luego, computadoras para todo y en todas partes. Es fácil ver cómo con base en la microelectrónica una gama de industrias absolutamente nuevas ha nacido en torno a la acumulación, ordenamiento, procesamiento, transmisión y comercio de un bien intangible pero crucial: la información. El microprocesador fue el germen a partir del cual nació y creció toda esta nueva multiplicidad de hechos.

Las dos grandes consecuencias de todo ello son: *a*] el crecimiento de la actividad económica por la aparición de múltiples industrias, servicios y ocupaciones nuevos, y por el incremento de productividad debido a la aplicación de la microelectrónica a las industrias y servicios tradicionales; *b*] la transformación de la estructura y la naturaleza del trabajo en prácticamente todos los sectores.

¿Qué debe hacer México ante este y todos los otros cambios que la aceleración de la ciencia y la técnica traen o pueden traer consigo?

□ *En educación*. Recordar que el recurso más poderoso para el desarrollo es la inteligencia cultivada; tener en cuenta que a los educandos se les prepara para una vida productiva que se mide en decenios. En consecuencia se les deberá instruir para entender el mundo de hoy, pero sobre todo para crear y vivir el mundo futuro, que no conocemos. Esto requiere no tanto saber hechos cuanto tener valores, aptitudes y actitudes, así como saber aprender y, en los cuadros especializados, saber crear, es decir, practicar el método científico, la ciencia viva. Como complemento del sistema educativo tradicional habrá que desarrollar el de capacitación y actualización permanente, para ayudar a toda la población económicamente activa a readaptarse al cambiante futuro de las oportunidades de empleo.

□ *En industrialización.* Considerar que, por ser tan escaso nuestro capital acumulado, tenemos que evitar invertirlo en plantas industriales obsoletas. La creación de empleos tendrá que buscarse por diversificación de actividades económicas, no por concentración de mano de obra en ocupaciones basadas en tecnologías ineficientes y sin competitividad. El dilema de comprar tecnología o producirla endógenamente no se puede resolver con una sola decisión: el papel del empresario debe ser tomar cada vez la decisión que maximice la utilidad de su empresa a mediano plazo; el del gobierno, crear condiciones para que los empresarios inclinen cada vez más sus decisiones hacia la opción endógena.

□ *En política.* Combatir con información las actitudes ludistas ante la necesidad de la modernización productiva. Recordar la lección que la historia dio a los demoledores de maquinaria de finales del siglo XVIII: el remplazo de los hombres por las máquinas para fines de producción no conduce al desempleo y la miseria masivas, sino al contrario, siempre y cuando las políticas educativas y de fomento industrial sean apropiadas.

□ *En cultura.* Acabar de reconocer y modificar cierto patrón cultural característico de la comunidad intelectual mexicana y de nuestra sociedad en su conjunto: intrínsecamente incongruente, consiste en desear libertades democráticas y ciertas ventajas de la economía de mercado, pero al mismo tiempo negar el valor del individuo emprendedor que tiene éxito apoyado en sus conocimientos. Ese tipo de hombre, que es altamente apreciado en otras culturas, podría llamarse el empresario intelectual: un profesional con alta calificación en alguna rama del conocimiento científico, técnico o artístico, que funda o transforma organizaciones para llevar a la *práctica* lo que sabe. Las organizaciones que tal individuo crea, por tener la ventaja de contar con lo mejor del conocimiento en cierta especialidad, se convierten en el motor del avance técnico, cultural y económico de un país. Habrá que crear una cultura que enaltezca el valor de la figura *individual* innovadora, en vez de degradarla llamándola antisocial y negándole el altruismo que con frecuencia tiene en alto grado. También habrá que prestigiar los comportamientos individuales capaces de correr ciertos riesgos de modo reflexivo; no cualquier riesgo en cualquier momento, ni la elusión continua de todo riesgo, sino el enfrentamiento osado en el momento propicio y para propósitos explícitos. Hay evidencias históricas de que los pueblos que no pueden contender con la incertidumbre moderada y explícita tampoco pueden practicar la democracia.

REFERENCIAS

[1] Infotec, *Estrategia tecnológica para la industria de bienes de capital*, 1984.

[2] Comisión Petroquímica Mexicana, *Petroquímica 84: desarrollo histórico y análisis de la situación actual de la industria petroquímica en México*, México, SEMIP, 1985.

[3] Sociedad de Ex alumnos de la Facultad de Ingeniería, "Cronología de la ingeniería mexicana (1867-1984)", documento de trabajo, México, 1985.

[4] Instituto Nacional de la Investigación Científica (INIC), *Política nacional y programas de ciencia y tecnología*, México, 1970.

[5] Elías Trabulse, *Historia de la ciencia en México (siglo XIX)*, México, FCE-Conacyt, 1985.

[6] *El Instituto de Ingeniería: sus primeros 25 años*, México, Instituto de Ingeniería, UNAM, 1981, 233 pp.

[7] D. Reséndiz, "SECOBI y la informática en México", *Ciencia y Desarrollo*, núm. 70, año XII, 1986, pp. 69-70.

[8] D. Reséndiz, "Una visión prospectiva del sistema nacional de ciencia y tecnología", *Ciencia y Desarrollo*, núm. 58, año X, octubre de 1984, pp. 103-109.

[9] M. Zymelman, *Forecasting manpower demand*, Washington, Banco Mundial, 1981 (citado en A. López Toledo, "Educación y ocupación de ingenieros: pasado, presente y futuro", *Academia Nacional de Ingeniería*, núm. 3, vol. 3, México, septiembre de 1984).

[10] ANUIES, *La población escolar de educación superior en México. Licenciatura 1970-1984*, México, 1985.

[11] ANUIES, *Anuario Estadístico 1984*, México, 1985.

[12] Conacyt, *Inventario de instituciones y recursos dedicados a las actividades científicas y tecnológicas en el subsistema de investigación*, México, 1984.

[13] SEP y ANUIES, *El desarrollo del posgrado en la educación superior*, México, 1982.

[14] Conacyt y ANUIES, *Los estudios de posgrado en México*, México, 1985.

[15] Fundación Javier Barros Sierra, *Demanda nacional de personal con nivel de posgrado en ciencia y tecnología 1984-2004*, México, 1984.

[16] J. Castrejón Díez, *Prospectiva del posgrado 1980-2000*, México, 1982.

[17] Conacyt, *Directorio de agentes tecnológicos que sirven a la industria manufacturera*, Serie Estudios, 4, México, 1986.

USO DE LA INFORMACIÓN: INGENIERÍA SÍSMICA EN MÉXICO

EMILIO ROSENBLUETH*

INTRODUCCIÓN

Dividiré el tema en dos partes: la información que usamos quienes en México investigamos en el campo de la ingeniería sísmica y el uso que se hace de la información que producimos. Mucho, no todo, de lo que diré es extrapolable a otras ramas de la ingeniería y de la tecnología en nuestro país. Como primer paso conviene definir el significado que otorgaremos a ciertos términos.

DEFINICIONES

En su magnífico libro sobre el diseño de sistemas inquisitivos, C. West Churchman (1971) describe una biblioteca extensísima especializada en determinada disciplina. Hay en el recinto cientos de millones de libros que contienen todo lo que se sabe al respecto. Mas la biblioteca ¡ay, dolor! está cerrada con candado y no existe poder humano que la abra. ¿Cabe llamar información a lo que la biblioteca alberga?

Llega ahora un cerrajero experto. Abre el candado. Los lectores potenciales se agolpan ansiosos, sólo para descubrir que todos los textos están escritos en una clave indescifrable. Aún no podemos llamar información al

* Instituto de Ingeniería, Universidad Nacional Autónoma de México; miembro de El Colegio Nacional.

contenido. ¿Y si surge un descrifrador? Digamos que surge, pero se niega a trasmitir lo que aprende. Esta situación hace evidente que lo que para alguien puede ser información puede no serlo para otros.

Es claro que la información para un sujeto es aquello que puede percibir y entender.

Demos un paso más. Preguntémonos si los textos contenidos en la biblioteca constituirían información para quien los entendiera. Churchman respondería que no; que sólo merecerían el nombre de información si el hecho de conocerlos pudiera cambiar las decisiones que tomara el sujeto. Churchman habla de la persona que guía un automóvil velozmente en una carretera y observa que hay un objeto en el pavimento. Dependiendo de lo que perciba respecto al objeto modificara o no el curso y la velocidad del automóvil. Si su decisión es seguir adelante como si el objeto no yaciera donde yace, por ejemplo debido a que estima que pasar sobre él no representa ningún peligro, no llama información al conocimiento adquirido acerca de la presencia del objeto. Se antoja que es ir demasiado lejos no restringir lo que entendemos por información. Por ejemplo, leer un poema puede no afectar nuestras decisiones y sin embargo cabe llamar información a lo que percibimos. Si es así, diremos que lo que percibe un sujeto puede recibir el nombre de información desde diversos puntos de vista: determinada percepción puede constituir información para la toma de decisiones de un sujeto o para su experiencia estética, recreativa, lúdica o emotiva. En el contexto de la ingeniería sólo adjudicaremos el nombre de información a lo que un sujeto percibe y que puede afectar sus decisiones, es decir, sólo a los conocimientos cuyo uso permite mejorar nuestras decisiones.

¿Y qué entendemos por *producir* información? El ejemplo de la biblioteca aclara que para que la información en ingeniería exista no sólo se requieren textos sino que los entiendan quienes puedan aplicar los conocimientos que potencialmente encierran y que su aplicación produzca mejores soluciones, ya que no se aplicarían si dieran origen a soluciones menos deseables que las que previamente se conocían. Contribuyen pues a producir información no solamente los físicos y matemáticos que inventan o descubren nuevos principios teóricos sino también quienes traducen este acervo a herramientas que puede aplicar con ventaja el ingeniero práctico. Es más, ni los científicos y matemáticos ni los traductores por sí contribuyen a producir información si un grupo no cuenta con el otro: es el equipo el que produce. Y contribuye también, y se incorpora al equipo así sea informalmente, el ingeniero práctico que informa acerca de sus experiencias, con lo que aporta datos empíricos, refuerza teorías o las echa por tierra y plantea problemas relevantes.

Nos concierne aquí la *ingeniería sísmica.* Se trata de la rama de la ingeniería que se orienta a mejorar la estabilidad y comportamiento de las obras del hombre y a reducir su costo.

En apariencia la ingeniería sísmica usaría como única herramienta teórica el estudio de los movimientos del terreno en las estructuras. Mas también interesa conocer las características y amplitudes del movimiento de la base y la distribución de probabilidades de los tiempos que transcurren entre los temblores, lo que conduce al estudio de los fenómenos que son causa de los sismos, el modo como se trasmiten las ondas generadas, los efectos locales de la geología y de los suelos que subyacen el sitio de interés, la interacción suelo-estructura, las probabilidades de que la estructura alcance sus diversos estados límite potenciales, tanto de servicio como de colapso, las consecuencias de estos eventos y las probabilidades óptimas correspondientes. Pero ¿en qué sentido óptimas? y ¿óptimas para quiénes? Al tratar de responder estas preguntas incursionamos en los terrenos de la teoría de decisiones y en el de la ética.

DISCIPLINAS EN LAS QUE SE APOYA LA INGENIERÍA SÍSMICA

Pueden clasificarse en tres grupos las disciplinas a las que tiene que acudir la ingeniería sísmica:

1] *Disciplinas referentes a las perturbaciones*
Física del interior de la tierra.
Geología, en particular tectónica de placas, geología estructural y geomorfología.
Paleosismología, arqueología, historia y geodesia.
Fractura de materiales.
Geofísica: generación de sismos, trasmisión de ondas, mecánica del medio contínuo.
Dinámica de suelos y de rocas.
Teoría de probabilidades subjetivas y procesos estocásticos.

2] *Disciplinas referentes a las respuestas estructurales y a otras consecuencias*
Dinámica estructural, hidrodinámica, dinámica de suelos.
Mecánica de materiales.
Confiabilidad estructural.
Bioingeniería.
Psicología y sociología.
Teoría de la utilidad, economía y actuaría.

3] *Disciplinas referentes a la toma de decisiones*
Teoría de decisiones.
Ciencias políticas.
Ética.
Estética.

Para abordar ciertos problemas infrecuentes es menester echar mano de otras disciplinas, como la geoquímica, la vulcanología y el urbanismo.

FUENTES DE INFORMACIÓN

En lo tocante a perturbaciones sísmicas con enfoque general nos abastecemos de literatura proveniente de Estados Unidos, Japón, la Unión Soviética, Inglaterra, Francia, Italia, en menor escala Canadá y crecientemente China. Existe asimismo un pequeño grupo de excelente calidad en el Instituto de Geofísica de la UNAM, entre quienes destacan Cinna Lomnitz y Shri Krishna Singh, y del Instituto de Ingeniería: Luis Esteva, Francisco J. Sánchez-Sesma y sus colaboradores. También contribuye el Centro de Investigación Sísmica de la Fundación Javier Barros Sierra, A.C. Mucho de lo que en México y en otros países se hace en cuanto a trasmisión de ondas se apoya en las básicas y brillantes contribuciones de Ismael Herrera, director del Instituto de Geofísica. Sobre probabilidades subjetivas acudimos a publicaciones inglesas, norteamericanas y españolas, y deberíamos hacerlo también con las del grupo que a esto se dedica en la Facultad de Ciencias de la UNAM, que tiene muy buen nivel.

Para información sobre geología aplicable a la república, amén de las fuentes clásicas de geólogos nacionales y extranjeros que publicaron durante el siglo pasado y principios de éste, usamos los conocimientos que sobre la geología del valle de México y de otras partes de la república tienen sobre todo Federico Mooser, de la Comisión Federal de Electricidad, y algunos investigadores del Instituto de Geología de la UNAM. Para saber acerca de la geofísica de nuestro país empleamos las publicaciones de Shri Krishna Singh y sus colaboradores en los institutos de Geofísica y de Ingeniería, las de Gerardo Suárez y Lautaro Ponce del de Geofísica, las del Centro de Investigación Científica y Educativa Superior de Ensenada (CICESE) y los registros instrumentales que se obtienen en las redes de ambos institutos de la UNAM que he mencionado. A cargo de la instalación, mantenimiento y operación de los del Instituto de Ingeniería, así como en la interpretación de sus registros, han estado Jorge Prince, Roberto Quaas y Enrique Mena. Pronto contaremos también con los registros e interpretaciones que haga el Centro de Investigación Sísmica de la Fundación Javier Barros Sierra, A.C. La información de carácter histórico se halla en publicaciones que generalmente son poco dignas de confianza. Sin embargo, el Centro de Investigaciones y Estudios Superiores en Antropología Social, semidependiente de la Secretaría de Educación Pública, ha elaborado un estudio muy valioso que cubre la época prehispánica y colonial, y es muy probable que lo complete y depure en los próximos 18 meses.

La información de carácter general que usamos concerniente a los efectos de los temblores en suelos y estructuras se produce principalmente en Estados Unidos y en Japón, si bien hay asimismo aportes valiosos de investigadores nacionales, destacando los de Daniel Reséndiz y Miguel P. Romo en lo que atañe a suelos, los de Roberto Meli, Luis Esteva, Óscar de Buen y Julio E. Damy en lo concerniente a estructuras y los de Ovsei Gelman en preparación, rescate y recuperación, incluyendo aspectos sociológicos; todos ellos prestan sus servicios en el Instituto o en la Facultad de Ingeniería de la UNAM. Además, en lo concerniente a estructuras de madera y a refuerzo de estructuras de diseño, es importante lo que hacen Francisco Robles, Jesús Iglesias y otros de la Universidad Autónoma Metropolitana.

Los conocimientos recientes sobre condiciones locales en estos mismos temas provienen principalmente de Roberto Meli y sus colaboradores, así como Daniel Reséndiz, Miguel P. Romo, Eduardo Rukos de la empresa Ultra, Leonardo Zeevaert, la empresa ISTME e investigadores extranjeros y está en marcha un estudio acerca del acero usado en construcciones, que se lleva a cabo en el Instituto de Física de la UNAM. Los conocimientos que tenemos sobre el subsuelo del valle de México provienen de los trabajos ya clásicos de Raúl J. Marsal y Marcos Mazari y de la Comisión Hidrológica de la Cuenca del Valle de México, así como de las exploraciones que realizan la Comisión Federal de Electricidad, Petróleos Mexicanos y el Instituto de Ingeniería, y de los resultados de sondeos que altruistamente han hecho posibles varias empresas privadas.

La información que empleamos para cimentar aspectos de teoría de decisiones y de ética proviene principalmente de Estados Unidos y de Inglaterra, y nos ayudan los escritos de filósofos mexicanos.

USO DE LA INFORMACIÓN QUE PRODUCIMOS

La investigación de carácter más básico y general que sobre ingeniería sísmica se realiza en México se da a conocer principalmente en publicaciones formales. Estimamos que para la mayor parte de los temas que abordaremos el número de lectores en inglés es dos órdenes de magnitud superior al de los lectores en español. Las publicaciones más especializadas del Instituto de Ingeniería tienen un tiro de sólo 100 ejemplares y los de revistas especializadas mexicanas tal vez sea de 500, mientras que la circulación de algunas revistas en inglés llega a unos miles. Es por ello por lo que con frecuencia publicamos en ese idioma y excepcionalmente en otros. En muchas ocasiones elegimos publicar aquí en español o inglés un informe detallado y extenso y enviar al extranjero un artículo que lo resume. También hallan difusión estos trabajos en el salón de clase, en cursos de posgrado y sobre todo en seminarios.

La información producida se usa tanto en el extranjero como en México. Los resultados más directamente aplicables a la práctica se difunden con mayor amplitud, más que nada en español, en forma de reglamentos y otras normas, folletos y manuales.

Como en otras investigaciones potencialmente aplicables en forma directa, tenemos la experiencia de que éstas sólo deben realizarse si hay quien las patrocine, así sea parcialmente. De lo contrario, ante la evidencia de que no existe interés en el tema, es casi seguro que el trabajo de investigación será causa de desaliento. No basta, sin embargo, con el patrocinio: se requiere que quien encarga el estudio sienta que participa en la solución. Idealmente esto se logra cuando el patrocinador comisiona a colaboradores en la realización del trabajo y cuando, una vez terminado, se disponga ante el patrocinador con una explicación oral. Ayuda también la presencia de un porcentaje pequeño de investigadores que trabajen una fracción pequeña de su tiempo como consultores del patrocinador, y la adopción de diversos mecanismos como la convocación a consejos asesores efímeros de la institución que investiga, u otras formas de participación.

No es exagerado decir que en la actualidad no se diseña en el mundo una estructura para resistir sismos que no refleje directa o indirectamente una o más contribuciones de investigadores mexicanos.

INTERACCIONES

Las interacciones de especialistas de diversas ramas y de los de distintas instituciones constituyen actividades en las que se produce y se usa la información.

Siempre ha habido interacción de investigadores de ingeniería sísmica y los de otras disciplinas, pero ha sido raquítica. El temblor del 19 de septiembre de 1985 generó gran número de proyectos de investigación para cuya realización se ha requerido interactuar estrechamente con matemáticos, geólogos, geofísicos e ingenieros de sistemas, y ha orillado a que interactúen también estructuristas y especialistas en mecánica de suelos. Tal interacción ha resultado sumamente fructífera y gratificante en más de un sentido.

Nos falta encontrar la manera de interactuar con el grupo de probabilidades subjetivas de la Facultad de Ciencias de la UNAM. Tenemos esperanzas.

ANTE LA CRISIS ECONÓMICA

El enorme encarecimiento que en años recientes han tenido las publicaciones, no sólo en pesos y no sólo en dólares sino aun en monedas de Europa Occidental, afecta la ingeniería sísmica menos que a otras ramas de la ingeniería y menos aún que la investigación científica pura. Por ejemplo, el Instituto de Ingeniería de la UNAM gasta 0.4% de su presupuesto en publicaciones, y la cifra es proporcionalmente algo menor en ingeniería sísmica dado el costo de los instrumentos que en ella se emplean y el ritmo con el que se está trabajando. En cambio, para el Centro de Investigación Prospectiva de la Fundación Javier Barros Sierra, A.C., el costo de las publicaciones que adquiere se acerca al 4% de su presupuesto.

Un poco más difícil de afrontar por razones de presentación del presupuesto es lo que cobran algunas revistas extranjeras por publicar nuestros artículos. El boletín de la Sociedad Sismológica Americana cobra 60 dólares por cada una de las primeras 15 páginas de los artículos que publica y 100 dólares por cada página adicional. Hasta ahora hemos evitado este gasto arguyendo que hacerlo es contrario a la política de nuestra institución y que estamos pobres. Pero no es probable que logremos evadirlo indefinidamente.

Además, algunas revistas cuyo costo de suscripción excede a los 100 dólares anuales ya nos resultan inaccesibles.

A pesar de mi primer comentario, estos costos no son despreciables y la situación tiende a agravarse. Para contribuir a resolverla habrá que aguzar la imaginación. Entre otras maneras de reducir los gastos correspondientes, destacan:

— Ser muy selectivos.

— Compartir las publicaciones en y entre las instituciones.

— Tener miembros de la institución que sean miembros honorarios de sociedades científicas y gremiales extranjeras o pertenezcan a cuerpos editoriales de las revistas que interesen.

— Establecer programas de intercambio con instituciones del extranjero.

— Acudir a fuentes externas de recursos, como la Academia de Ciencias del Tercer Mundo, que tiene un renglón presupuestal precisamente destinado a ayudar a instituciones de investigación de países pobres en su adquisición de libros y revistas.

— Conseguir patrocinio externo para investigaciones incluyendo un renglón de presupuesto que cubra la adquisición de información.

— Propiciar que la industria editorial mexicana publique más, tanto libros originales como traducciones.

REFERENCIA

Churchman, C.W., *Design of inquiring systems (basic concepts of system and organization)*, Nueva York, Basic Books, 1971.

LA APLICACIÓN DE LA CIENCIA EN MÉXICO: LAS ENFERMEDADES INFECCIOSAS

JESÚS KUMATE*

INTRODUCCIÓN

Las enfermedades infectocontagiosas han reducido su impacto patógeno a partir de la segunda mitad del siglo XIX. La revolución sanitaria iniciada en Inglaterra por Chadwick, el concepto de contagio promovido por Semmelweis en la fiebre puerperal, por Panum en el sarampión y por Snow en el cólera, la teoría microbiana, así como el desarrollo de vacunas a partir de 1885, contribuyeron a disminuir, y en algunos casos a evitar, las probabilidades del contagio microbiano.

El descubrimiento de Manson en las filariasis aportó el conocimiento de los vectores en la transmisión de algunas enfermedades infecciosas y fue seguido poco después por el hallazgo similar de Ross en el paludismo.

El conocimiento de los mecanismos del contagio impulsó el saneamiento ambiental e interrumpió la transmisión de muchas enfermedades. La mejoría en los niveles de vida que propiciaron condiciones apropiadas de vivienda, una alimentación suficiente y hábitos de vida higiénica, influyeron decisivamente en el abatimiento de las tasas de ataque de la mayoría de las enfermedades transmisibles.

Las vacunas asequibles en la actualidad (más de 50) han sido factor de capital importancia en el control y

* Secretaría de Salud; miembro de El Colegio Nacional.

eventual erradicación de numerosas enfermedades infecciosas. La quimioterapia desde principios del presente siglo y los antibióticos en los últimos 40 años han aportado elementos de supervivencia de episodios infecciosos graves y en el acortamiento del periodo infectante de los enfermos.

El resultado de la acción combinada entre el desarrollo socioeconómico, el saneamiento ambiental, los hábitos higiénicos, las vacunas y los antimicrobianos, fue la disminución drástica de la mortalidad por enfermedades infecciosas. Se controlaron las grandes epidemias: el cólera, la peste, el tifo, la fiebre amarilla, y se redujo considerablemente el impacto de enfermedades endémicas como la tuberculosis, la fiebre tifoidea y la amibiasis.

La creciente accesibilidad de servicios asistenciales y la operación de servicios diagnósticos oportunos, aunadas a la disponibilidad de medicamentos antimicrobianos eficaces, contribuyeron a aminorar la otrora elevada mortalidad de cuadros infecciosos.

En los países industrializados, la mortalidad por diarreas es insignificante; la tasa correspondiente a las infecciones agudas del aparato respiratorio es 30-40 veces menor que en los países del Tercer Mundo; las enfermedades prevenibles por vacunación no son problemas prioritarios de la salud pública. La preocupación, justificada, ante el incremento de las enfermedades por transmisión sexual tiene bases sociales no-médicas, y la creciente importancia de las infecciones por flora oportunista es el precio de una mayor longevidad y de la supervivencia en condiciones antes mortales de necesidad.

LA SITUACIÓN EN MÉXICO

Nuestro país ha incorporado con retraso variable los conceptos y la técnica que han hecho posible el control de las enfermedades infecciosas; en pocas ocasiones ha contribuido con innovaciones y en el momento actual se pugna por aprovechar al máximo las posibilidades para aminorar el impacto de los microbios patógenos.

Epidemiología

La ciencia que estudia los mecanismos de la distribución, trasmisión y dinámica de los agentes causales, así como la historia natural de las enfermedades, es un instrumento fundamental para manipular la trasmisión de los microbios patógenos. Algunos logros importantes en nivel nacional:

1] La Campaña de Erradicación de la Viruela logró su objetivo en 1951, a diferencia de Brasil que lo obtuvo en 1971 y del mundo que lo alcanzó en 1977. Las acciones requirieron de una movilización nacional, la participación de la comunidad y la operación de brigadas móviles que aplicaban la vacuna y realizaban la búsqueda activa de casos. La vigilancia de sanidad internacional contribuyó a evitar la importación de casos de países con endemia no controlada. México suspendió la obligatoriedad de la vacuna antivariolosa en 1965.

2] La Campaña Nacional de Erradicación del Paludismo iniciada en 1955 hizo que la tasa de mortalidad 66/100 000 habitantes (más de 20 000 defunciones en 1955) disminuyera a 0. La erradicación no fue factible y ahora se trata de controlar la endemia. Es justo reconocer que en el fracaso de la erradicación intervinieron decisivamente los factores económicos y en segundo término el desarrollo de resistencia y excitorrepelencia a los plaguicidas (DDT) y a conductas inesperadas de los vectores, *i.e.* descanso intradomiciliario a una altura mayor de 2.50 m y exofilia. Un factor adicional es la condición marginal de las viviendas que impide la protección contra los mosquitos transmisores. Desde 1981 se estableció, con el auspicio de la Organización Panamericana de la Salud (OPS), en Tapachula el Centro de Investigación en Paludismo (CIP). El personal cuenta con entomólogos y epidemiólogos que realizan pruebas de susceptibilidad a los plaguicidas, desarrollan técnicas serológicas modernas (sonda radiactiva para secuencias redundantes en el DNA de *P. falciparum*) y colaboran en proyectos para obtener esporozoítos con miras a una vacuna antipalúdica. Se podrá a corto plazo cultivar *in vitro* a *P. falciparum* y existe la posibilidad de estudiar la dinámica de la distribución de anofelinos mediante satélites de la NASA. El Centro de Investigaciones Ecológicas del Sureste (CIES) en San Cristóbal Las Casas, Chiapas, fundado en 1974, ha iniciado protocolos de investigación en paludismo que serán coordinados con los del CIP.

3] La Campaña Nacional anti *Aedes aegypti* iniciada en los cincuenta logró erradicar el vector del territorio nacional en la siguiente década —logro importante en materia de salud pública certificado por la OPS. Infortunadamente Estados Unidos no realizó el mismo esfuerzo y, vía el comercio de llantas usadas que propician la cría del mosquito en el agua estancada del interior, México está nuevamente reinfestado. Las consecuencias no se dejaron esperar: las epidemias por los serotipos 1, 2 y 4 de virus del dengue iniciadas en 1978 en Tapachula y que se extendieron en el país hasta llegar a la frontera norte en 1980.

4] El mal del pinto fue objeto de una campaña dirigida a interrumpir su transmisión a principios de la década de los sesenta. La operación fue un éxito y para los fines prácticos el pinto, como enfermedad transmisible, ha desaparecido de la cuenca del Balsas. La campaña utilizó penicilina benzatina a semejanza de las operaciones para erradicar la frambesia en Haití e Indonesia y de las treponematosis no-venéreas en general.

5] Las oftalmías gonocóccicas neonatales, la primera causa de ceguera en los años veinte, casi han desaparecido. La aplicación del método de Credé fue decisiva; en México el repunte de las uretritis gonocóccicas no ha sido tan importante como en Estados Unidos y no se ha reflejado en la reaparición de las oftalmías en los recién nacidos. Se informa actualmente de oftalmías por clamidias (*Ch. trachomatis*) cuya infección genital primaria no es sensible a la penicilina.

6] En la oncocercosis, las acciones de la campaña (desnodulización y tratamiento con dietilcarbamazina) han menguado la extensión del padecimiento y contribuido a disminuir el número de enfermos (30 000 registrados) en los tres focos de Oaxaca y Chiapas; los ciegos más jovenes son mayores de 40 años. Los ensayos de quimioterapia con mebendazol y albendazol son prometedores *vis à vis* los efectos indeseables de la dietilcarbamazina (fenómeno de Mazotti); un nuevo filaricida, la ivermectina, será ensayada próximamente en el foco chamula.

7] La histoplasmosis en los fundos mineros del centro y norte de la república no ha sido controlada, pero la práctica de la intradermorreacción ha permitido determinar quiénes pueden laborar, sin peligro, en los túneles de explotación.

Las limitaciones de la epidemiología en México se localizan en el nivel de:

1] Modelos que permitan predicciones respecto al curso de un brote epidémico o la identificación oportuna de un evento novedoso. El desarrollo más innovador en relación con el dengue en México está a cargo de epidemiólogos extranjeros que hicieron estancias en el país.

No se han establecido los niveles basales usados en influenza para alertar, con base en el "exceso" de muertes por neumonías, la aparición de una cepa de virus de influenza A con modificación antigénica del virus que circulaba previamente.

2] En algunos casos, *v.gr.* gastroenteritis, intoxicaciones alimentarias, fiebre tifoidea, cisticercosis, toxoplasmosis, brucelosis, hepatitis A, hepatitis B, meningitis, enfermedades de transmisión sexual, paludismo postransfusional, tosferina y sarampión, entre las más importantes, la epidemiología resulta puramente descriptiva. La información no se refleja en acciones dirigidas a resolver el problema, y en la mayoría de los casos no tiene consecuencias prácticas.

El nivel operativo de la inteligencia epidemiológica es muy bajo; los boletines epidemiológicos respecto a la patología descrita son una repetición monótona de hechos que apuntan la aparición de brotes, su evolución (casi siempre hasta agotar susceptibles) y su concentración en ciertos estados del país.

Las medidas adoptadas a posteriori del estudio de un brote epidémico se reducen a la aplicación de vacunas (cuando hay indicación) y/o profilaxis antimicrobiana (biológica, antibiótica). La identificación de contactos, de fuentes de contagio, el diagnóstico de los agentes etiológicos y sobre todo la puesta en práctica de acciones dirigidas a menguar el efecto patógeno, se encuentran en condiciones muy primitivas.

La organización para una vigilancia apropiada de la calidad higiénica de alimentos y bebidas es muy débil y se traduce en alta morbilidad por diarreas, intoxicaciones alimentarias, tifoidea, hepatitis A, brucelosis, cisticercosis, amibiasis e infecciones por enterovirus (poliomielitis) y rotavirus.

Algunos ejemplos representativos de problemas importantes en la salud pública nacional que no han recibido el beneficio de un enfoque epidemiológico para resolverlos son:

a] Habida cuenta de los estragos que causa, la amibiasis ha sido estudiada con particular predilección en prácticamente todos sus campos, incluyendo la epidemiología descriptiva (clínica y serológica); sin embargo, en nivel operativo práctico no se han tomado medidas para impedir la contaminación fecal de cultivos (hortalizas), la vigilancia sanitaria de los manejadores de alimentos y de los vendedores ambulantes de viandas diversas.

La encuesta seroepidemiológica nacional realizada por Sepúlveda, Landa y Gutiérrez en 1972 informó de 5% en seropositividad, con incidencia mayor en la región centro-occidente y las observaciones clínicas señalan la rareza de la amibiasis hepática en las costas y en el sureste. Parece claro que hay factores locales, no relacionados con el fecalismo ambiental (genéticos, alimentarios o higiénicos personales), en el centro de la república, sin embargo, hasta ahora no se han identificado.

No existe consenso acerca del tratamiento de los portadores asintomáticos de quistes; por prudencia se administra medicación antiamibiana sin tener la certidumbre de su eficacia y del costo/beneficio.

Un estudio controlado decisivo podría haberse realizado en nuestro país con pingües dividendos económicos; tan sólo el IMSS informa en su boletín epidemiológico más de 900 000 casos diagnosticados y muy probablemente tratados con antiamibianos luminales o tisulares. El gasto incurrido y los riesgos de toxicidad son ciertamente muy elevados y probablemente no justificados.

b] En los brotes epidémicos de gastroenteritis e infecciones de origen enteral, sólo en contadas ocasiones la investigación del episodio llega a identificar y a suprimir la causa. Durante la epidemia de fiebre tifoidea por *S. typhi* resistente al cloramfenicol, no se pudo definir el origen ni el mecanismo de su diseminación. Las fuentes de agua no estaban contaminadas, no se detectó un aumento en el número de portadores crónicos ni se encontraron alimentos con el bacilo tífico.

La fagotipia fue menester solicitarla al CDC en Atlanta y al Instituto Pasteur en París. La vacunación antitifoídica en gran escala (5 millones de dosis) se realizó sin ninguna base firme y fue más bien una acción de buena voluntad. No se obtuvo ninguna enseñanza.

c] En las enfermedades de transmisión sexual, la investigación de los contactos es muy limitada (menos de 1/5) y la vigilancia del tratamiento muy deficiente. La incidencia de cepas beta-lactamasa positivas en *Neisseria gonorrhoeae* no se estudia rutinariamente y en una encuesta, que informó de 20% en cepas aisladas de prostitutas, la pesquisa terminó con el estudio bacteriológico.

La limitación tecnológica para el diagnóstico de clamidias y virus del herpes simple impide conocer la magnitud del problema y sólo se dispone de la evidencia indirecta de pocos casos de neonatos afectados por conjuntivitis con cuerpos de inclusión.

d] La cisticercosis en México no tendrá solución o control en tanto persistan las costumbres de fecalismo ambiental y el descuido de la alimentación porcina. La cría de los cerdos en las áreas rurales, la matanza sin control sanitario y, en poblados mayores, la operación de rastros clandestinos propician la venta de carne infestada.

La encuesta serológica de Flisser y Larralde señaló la mayor tasa de seropositividad en los habitantes de poblaciones menores de 5 000 habitantes y la preponderancia en el centro y la zona litoral del Pacífico.

El consumo de carne parcialmente cocida inicia el ciclo, donde el humano es huésped intermediario, que expresa su manifestación clínica más grave en la localización cerebral.

Un recurso *quasi* heroico es la administración de purgantes y/o agentes tenicidas como la niclosamida o el praziquantel a toda la población en riesgo. La puesta en práctica de esta medida implica una movilización nacional, justificada ante la magnitud del problema, *e.g.*: la causa más frecuente de craneotomías en todos los hospitales de tercer nivel en México es la cisticercosis cerebral; la contribución en las crisis epilépticas es importante y, sobre todo, no es aceptable esperar que la educación higiénica, los hábitos sanitarios y el desarrollo de la porcicultura lleguen a interrumpir el ciclo de *Taenia solium*.

e] En la oncocercosis, la campaña ha contenido la extensión de la endemia y ha impedido la progresión de las lesiones que llevan a la ceguera; sin embargo, el problema fundamental persiste, *i.e.*: existen vectores eficaces y hay enfermos con microfilarias en la dermis. El *statu quo* es muy inestable, la contención de la endemia no es garantía de su desaparición y el influjo no-controlado de emigrados guatemaltecos puede modificar drásticamente la situación actual.

La solución radical del problema requiere la inactivación de los infestados infectantes y la disminución drástica de los vectores. En los enfermos, la desnodulización y los quimioterápicos no pueden rendir más de lo descrito; no es previsible que logren algo adicional. En los focos de Oaxaca y el chamula de Chiapas, la población vive en condiciones de marginación socioeconómica y no cabe esperar cambios fundamentales. La lucha antivectoral es muy difícil y con los recursos actuales no hay posibilidad alguna. En efecto el desarrollo de los simúlidos requiere de oxígeno abundante que lo obtienen de los miles de corrientes y riachuelos que existen en las montañas de los tres focos; imposible aplicar larvicidas en todos los criaderos potenciales. La estrategia africana de la cuenca del Volta (aplicar larvicida en las cinco cascadas del río con un programa a 20 años) no es aplicable a México. Nuestro país precisa de un enfoque *ad hoc* que debe ser hallado y desarrollado por epidemiólogos y entomólogos nacionales.

f] El mecanismo de transmisión del pinto no ha sido aclarado y parece perdida la oportunidad de hacerlo, habida cuenta de su virtual desaparición. Las contribuciones locales valiosas y únicas en el mundo consistieron en:

i] Inoculación parenteral en voluntarios humanos y el registro de la evolución de las lesiones y de la serología. Las experiencias fueron realizadas en la era prepenicilina.

ii] Inoculación por aplicación cutánea del inóculo en un voluntario (canceroso terminal), quien desarrolló una lesión discrómica después de inoculaciones repetidas y falta de aseo local ex profeso.

iii] Ensayo terapéutico con Synnematina B (betalactamina natural aislada de *Cephalosporium salmosynnematum*); los resultados fueron satisfactorios y en todo semejantes a los registrados con la penicilina G.

iv] Inoculación a chimpancés por vía local con aparición de lesiones acrómicas localizadas.

Se colige, al igual que en las treponematosis no-venéreas, que la transmisión natural ocurre a través del contacto personal de la convivencia cotidiana. Probablemente las excoriaciones cutáneas frecuentes en las zonas tropicales, las picaduras de insectos y las dermatitis piógenas tan comunes en las áreas endémicas, propiciadas por la ausencia de ropa protectora fueran la puerta de entrada del *T. carateum* vía *fomites* contaminados por la descamación de las lesiones o directamente por ellas. El asunto permanece en el misterio.

Tecnología diagnóstica

Un instrumento fundamental en el manejo de un cuadro infeccioso, un brote epidémico o en una situación endémica, es el diagnóstico del agente etiológico; en la actualidad se pide un nivel de precisión cada vez más fino. Si bien la identificación del microbio es la diferencia entre la certidumbre y la aproximación, no es suficiente para guiar la conducta que ofrezca la mejor oportunidad de recuperación al enfermo infectado.

La observación de cocos gram negativos en la secreción uretral de un enfermo sexualmente activo inclina al diagnóstico de uretritis gonocóccica; hace 10 años era suficiente para prescribir una dosis de 4.8 millones de penicilina G; desde 1977 la emergencia de cepas B-lactamasa positivas, resistentes a la penicilina G torna imperativa la determinación de dicha actividad enzimática. Para el epidemiólogo es importante definir el peso molecular del plásmido responsable para trazar el origen (africano o asiático) de la cepa. El cultivo de una secreción uretral, dirigido al aislamiento de *N. gonorrhoeae* requiere de medios selectivos (Thayer-Martin o Martin-Lester) que inhiban la flora no-patógena y, en caso de *Mima polymorpha* var. *oxidans* morfológicamente similares al gonococo, precisa de estudios bacteriológicos especiales.

Si la uretritis no cede al tratamiento indicado, deberá investigarse si el gonococo posee actividad de IgA, proteasa, capaz de inactivar a los anticuerpos secretorios locales y que, a pesar de la susceptibilidad a los antimicrobianos, pudiera explicar la cronicidad del padecimiento.

La descripción anterior ilustra el mínimo tecnológico que debe estar asequible para obterner la información necesaria que permita el mejor tratamiento disponible. En México, la carencia económica, que no la incapacidad técnica, hace que sólo en centros de investigación con reducida posibilidad asistencial existan tales facilidades. Ignoramos la proporción real de cepas beta-lactamasa positivas, el origen de sus plásmidos y la ruta de diseminación de la resistencia a la penicilina G.

Consideraciones similares pueden hacerse para otras enfermedades infecciosas. Algunas de las carencias tecnológicas diagnósticas más importantes son:

□ En bacteriología: legionelosis (*Legionella sp.*), enfermedad de Lyme (*Borrelia burgdorferi*), clamidias. La fagotipia de estafilococos, bacilo tífico y *Pseudomonas aeruginosa*; la serotipia de *Streptococus pyogenes* (proteína M) y de *S. pneumoniae* (polisacárido capsular) y la detección de antígenos bacterianos en líquido espinal y en la orina. No está disponible por razones económicas la tecnología para flora anaerobia.

□ En parasitología no se determinan rutinariamente los zimodemos de *Entamoeba histolytica* y de *Leishmania sp.* No hay experiencia con el uso de hibridación DNA/RNA.

□ En virología el retraso tecnológico es más grave: no hay disponibilidad de pruebas específicas para la mononucleosis infecciosa o para diferenciar las cepas silvestres y vacunas de los poliovirus. Los virus de las infecciones agudas de vías respiratorias están inéditos; lo mismo ocurre con los virus del papiloma, el virus delta de la hepatitis y los virus del herpes simple.

□ En micología hay capacidad para cultivar e identificar a los hongos patógenos más importantes, así como la exploración de las respuestas inmunitarias.

Las contribuciones mexicanas al diagnóstico de las enfermedades infecciosas son fundamentalmente las de Maximiliano Ruiz Castañeda. La botella con el medio doble para hemocultivo ha tenido aceptación universal y ha demostrado ser igual o más sensible que el medio líquido en estudios controlados.

La fijación en superficie es una técnica serológica rápida, sencilla y objetiva por color, que informa sobre la existencia de anticuerpos en el suero. Se ha usado en fiebre tifoidea, brucelosis, tifo y mononucleosis infecciosa; ha resultado más sensible y específica que las pruebas de Widal, Huddleson, Weil-Felix y Paul-Bunnel. Su aplicación en la determinación de grupos sanguíneos de los grupos ABO y Rh ha sido muy afortunada.

La intradermorreacción en la brucelosis utiliza el antígeno denominado MBP y es un indicador confiable de la hipersensibilidad con miras a la desensibilización.

El fenómeno (reacción) de Mazotti en los oncocercosos después de la administración de dietilcarbamazina puede servir para diagnosticar la parasitosis en casos de manifestaciones cutáneas atípicas o dudosas y ausencia de nódulos. Salazar Mallén aclaró el mecanismo patogénico, semejante al fenómeno de Jarisch-Herxheimer.

Salomón Calderón ha desarrollado una técnica de consumo de complemento para el diagnóstico de la tuberculosis activa; a pesar de los resultados muy demostrativos, no ha tenido aceptación.

Salvador Martín-Sosa ha desarrollado tecnología simplificada y eficaz para el cultivo de micoplasmas.

Vacunas disponibles

México es prácticamente autosuficiente en las vacunas del Programa Ampliado de Inmunizaciones (PAI) recomendado por la Organización Mundial de la Salud (OMS), *i.e.*: toxoides diftérico y tetánico, extracto inmunogénico de *Bordetella pertussis*, vacuna trivalente oral de poliovirus, vacuna atenuada del sarampión y el BCG (Bacilo de Calmette-Guérin). Es autosuficiente en vacuna antirrábica humana (tipo Fuenzalida), en la antirrábica canina y en la antitifoídica (inactivada).

Se importan y están disponibles en el mercado las vacunas de la rubéola, la parotiditis, la rabia (producida en células diploides), la hepatitis B (Ags VHB), del cólera y la fiebre amarilla (para sanidad internacional), la influenza A, de neumococos (polisacáridos capsulares) y la antitifoídica oral (Ty21a).

No se cuenta con la vacuna de la varicela-zoster, con la decavalentes de *Ps. aeruginosa*, con la híbrida de *H. influenzae*, con la acelular de *B. pertussis*, con el BCG resistente a la isoniazida, con la vacuna Salk, con las vacunas antimeningocóccicas tipo A y C, con la antirickettsias, antiadenovirus y la jenneriana de *E. coli* J15.

Hay acceso a globulinas gamma hiperinmunes a *B. pertussis, Cl. tetani*, a los virus de la hepatitis B y de la rabia. No se dispone de suero antibotulínico.

Recursos terapéuticos

La terapia antimicrobiana: quimioterápicos y antibióticos, está razonablemente asequible en México. La relativa escasez de cefalosporinas de tercera generación, de cefamicinas y de inhibidores naturales de betalactamasa, no tiene relevancia clínica ni impacto significativo en la mortalidad.

Las limitaciones económicas para sostener el tratamiento con los antibióticos de semisíntesis impiden su uso frecuente pero la trascendencia cuantitativa es muy reducida. A medida que aumenten las infecciones por flora oportunista, se hará necesario recurrir a los nuevos antimicrobianos para prolongar la sobrevida de enfermos infectados y debilitados. En materia de infecciones parasitarias hay problemas para conseguir con oportunidad el nitrofurano específico para Chagas, el antimonial orgánico para las leishmaniasis, la niclosamida para las teniasis y el praziquantel para las neurocisticercosis.

Los antivirales comunes, *i.e.* amantadina, yododesoxiuridina, ribavirina y aciclovir son de uso común. Los interferones habida cuenta de su costo no tienen, por ahora, aplicación práctica.

Los modulares de la respuesta inmune: interleucinas, I, II y III y los antiidiotipos están en fase experimental.

La síntesis de talidomida en México permitirá la atención de la lepra lepromatosa justo cuando Chemie Grünnenthal anuncia la suspensión de su producción.

CONSIDERACIONES FINALES

La aplicación de la ciencia a las enfermedades infecciosas en México se encuentra en un estado aplicativo aceptable para un país subdesarrollado y en crisis económica.

Se dispone de los recursos para contender, razonablemente, con los problemas prioritarios de las enfermedades infectocontagiosas y se maneja la tecnología necesaria para aplicar las medidas oportunas. Somos consumidores de los insumos indispensables para resolver nuestras urgencias más apremiantes en el terreno asistencial.

La tecnología endógena es insignificante con tendencia al incremento: existe una planta industrial de medios de cultivo (bacteriológico y micológico); es posible disponer de suero fetal de ternera con calidad aceptable y existe desarrollo local para producir reactivos, *v.gr.* antiestreptolisinas, sueros hemoclasificadores, equipos para fijación en superficie, botellas para hemocultivo. En materia de reactivos biológicos se inicia la elaboración final del granel importado.

La Gerencia de Biológicos y Reactivos de la Secretaría de Salud, además de elaborar las vacunas del PAI, las de la rabia y la antitifoídica, produce reactivos asociados, *i.e.* conjugados fluorescentes para el diagnóstico de rabia en tejido nervioso; intradermorreacciones para tuberculosis y micosis; Papanicolaou, tinciones de Gram y Ziehl-Neelsen, coloraciones panópticas y reactivos para las determinaciones más comunes de la química sanguínea.

La industria petroquímica nos hace independientes en materia de los pesticidas comunes en las campañas contra la enfermedades transmitidas por vectores.

La producción de medicamentos necesarios en las enfermedades infecciosas y parasitarias es muy limitada, aunque con tendencia a reducir nuestra actual dependencia del exterior. Hay plantas para producir penicilinas naturales y semisintéticas, lincomicina y algunos quimioterápicos. Se producen localmente las sales hidratantes por vía oral, los sueros parenterales y hay fábrica de jeringas desechables.

A mediano y largo plazo cabe esperar que se satisfaga la demanda interna en materia de reactivos para las amibiasis, los colibacilos, las shigelas y los rotavirus. La tecnología de las infecciones virales requiere de la producción local de material plástico para cajas de Petri, placas para hemoaglutinación, fijación de complemento y ELISA.

El factor limitante fundamental es la dimensión de nuestro mercado interno y la escasa participación en el comercio latinoamericano; algunas inversiones no son rentables y son productivas sólo con base en un enfoque trasnacional. Los ejemplos del metronidazol endovenoso, de la vacuna Edmonston-Zagreb, de la fijación en superficie, del equipo de rotaforesis, de la tetraciclina anfotérica, no son suficientes para constituir un factor de peso en el mercado de reactivos y medicamentos en el campo de las enfermedades infectocontagiosas; sin embargo, apuntan sobre el camino a seguir para ser menos dependientes.

REALIDAD, USO Y CONOCIMIENTO DE LA CIENCIA BIOMÉDICA MEXICANA

ANTONIO PEÑA*

INTRODUCCIÓN

Antes de hacer un análisis, aunque sea superficial, sobre el tema propuesto, es necesario tener en cuenta que la ciencia mexicana es asunto incipiente, que no parece tener un lugar definido como tal, que se ha desarrollado a partir de muy poco tiempo atrás, que ha contado en general con poco apoyo, y a la cual, igual que a un niño primero abandonado y desprotegido, se le pregunta después con insistencia cuáles son los problemas prácticos que ha resuelto.

La investigación científica en México se inició de manera más o menos importante hace poco menos de 30 años, con la inclusión en los planos de la Ciudad Universitaria de algunos espacios para realizar investigación científica, como la Torre de Ciencias, que fue concebida para prácticamente toda la investigación científica de la UNAM, y los Institutos de Estudios Médicos y Biológicos y de Biología, que compartían un edificio, y el de Geología. En la Facultad de Medicina, por ejemplo, ya se había planeado el edificio completo sin considerar las actividades de investigación como cuestión importante, y fue al parecer gracias a la insistencia de un investigador, el doctór Joaquín Izquierdo, como finalmente se logró agregar, como un parche, el ala para realizar investigación científica. Pero el inicio fue más bien una

* Instituto de Fisiología Celular, Universidad Nacional Autónoma de México.

intención; fuera de los espacios físicos, no se consideró en un principio la adquisición de más equipo, ni programas para la formación y la contratación de más investigadores o técnicos, ni siquiera presupuestos razonables para realizar investigación. En realidad, algunos científicos lograban escamotear fondos del presupuesto general de las facultades para que la investigación fuera algo *real*. Sólo en 1960 se estimuló la contratación de personal de tiempo completo por iniciativa del entonces secretario de la UNAM, doctor Efrén del Pozo.

En concordancia con lo anterior y hasta los años 1972 o 1973, es decir, durante tres lustros aproximadamente, la investigación científica tuvo el privilegio de que se le permitiera existir, con escasos recursos proporcionados por la UNAM o donativos que los propios científicos obtenían, en su mayor parte, de fundaciones extranjeras. El número de líderes científicos era también muy escaso, y habían de allegarse ellos mismos los medios para su trabajo e invertir gran parte de su tiempo en el proceso; muchos de los primeros científicos sacrificaron sus propias carreras académicas en aras de la promoción de su trabajo, la obtención de los medios para realizarlo, el establecimiento de posgrados incipientes, la formación de grupos, o el sostenimiento de sistemas mínimos de producción científica aceptable. Al respecto, dice Veladez en 1974: "Debe apuntarse que los tropiezos para la investigación siguen siendo grandes. Hay cierto tipo de investigación sumamente onerosa para el país, pero que es menester desarrollar paulatinamente" [1]. Tal vez el primer esfuerzo formal que hizo el país para promover y apoyar la investigación científica fue la creación en 1961 [2] del Centro de Investigación y de Estudios Avanzados del Instituto Politécnico Nacional, que además para formarse absorbió una buena proporción de los investigadores más brillantes de la ciudad de México.

No fue sino hasta 1972-1978, cuando la UNAM como institución empezó a considerar que la investigación científica era algo que debía finalmente trasladarse del texto de su Ley Orgánica a la realidad. En 1972, aumentar a niveles razonables los salarios del personal de tiempo completo de la UNAM constituyó un verdadero esfuerzo, como el primer paso, para volver atractiva la carrera de investigador y en general para estimular al personal de carrera. Utilizando la infraestructura humana y los escasos recursos logrados heroicamente en los años anteriores, se consiguió dotar en primer lugar a los institutos de investigación científica de edificios adecuados, de una cierta cantidad de equipo, de plazas académicas y administrativas, así como de gastos de operación más o menos aceptables. Éste fue, en pocas palabras, el *verdadero* inicio de la investigación científica en la UNAM, que hoy representa algo más del 30% de la que se realiza en el país [3].

Es necesario señalar también que este inicio, importante como fue, nunca representó ni la "época de abundancia", ni "las vacas gordas", ni ningún apoyo amplio y decidido del Estado a esta actividad. Tal afirmación, que escuchamos de vez en cuando, suele ser emitida por individuos que, si alguna vez hicieron investigación, ya han dejado de hacerla y no tienen idea de lo que es un proyecto serio y amplio de apoyo a la investigación científica. Por mencionar algunos aspectos, nunca se contó con:

□ Presupuestos realmente suficientes para equipos costosos: tal vez se adquirió uno que otro equipo caro, pero hasta la fecha, por ejemplo, sólo hay en México unas dos o tres unidades completas de microscopía electrónica.

□ Profesores invitados: nunca se llegó a tener fondos suficientes para llevar una vida académica realmente intensa y estimulante en los institutos y otros centros de investigación.

□ Salarios para el personal académico y técnico: las instituciones de investigación siempre llegaron tarde a resolver los problemas salariales del personal académico.

□ Programas de intercambio académico: igualmente, aunque en ocasiones llegó a haber cantidades más razonables para visitar laboratorios extranjeros, asistir a simposios y congresos, etc., la realidad es que esto nunca fue suficiente.

□ Becas suficientes en monto y número: en especial para los estudios y programas de posgrado, nunca se tuvieron montos adecuados de becas para contar con estudiantes brillantes y profesionales, dedicados de tiempo completo a prepararse dentro de las actividades mismas de la investigación.

□ Apoyo administrativo al trabajo científico: en las distintas instituciones se diseñaron sistemas más o menos efectivos de control y vigilancia, pero se confundió esa actividad con la de un apoyo administrativo eficaz para la realización de pagos, trámites de nombramientos, adquisición de equipos, materiales, reactivos, refacciones, etcétera.

□ Apoyo del Estado para lograr la agilidad de trámites, en especial de importaciones de insumos para la investigación científica: esto viene al caso para situar a nuestra ciencia en el contexto real de la ciencia universal. Si una institución o un país deciden hacer ciencia, ésta debe hacerse en estos términos y no dentro del concepto provinciano y timorato que se suele tener de lo que es su promoción, su apoyo y el impulso a su desarrollo.

Con estos programas, muy claramente insuficientes, nos encontramos con que en 1985 la UNAM contaba con 852 investigadores científicos y 1 695 técnicos académicos, distribuidos en 18 institutos y centros de investigación [4]. Hay otro grupo importante de investigadores (alrededor de 350) en el Centro de Investigación y de Estudios Avanzados del IPN, otro más o menos significativo en el Instituto Mexicano del Seguro Social, otros en la Escuela Nacional de Ciencias Biológicas del IPN y otros más en los Institutos Nacionales de Salud.

La investigación científica en biología y aquella encaminada a realizar investigación en biomedicina (cerca de 700 miembros del SNI) pueden ser analizadas desde diferentes puntos de vista, uno de los cuales es la cantidad de individuos que se dedican a ellas, especialmente en cuanto a investigación básica, con una aceptable capacidad de investigación de primera calidad, que forman la base de mayor importancia en la formación de nuevos investigadores y técnicos de alto nivel en esta área.

Pero también desde hace algunos años, en especial en la UNAM y otras instituciones, se desarrolló una corriente para dirigir algunas investigaciones a problemas más concretos, con la idea de ofrecer aportaciones prácticas inmediatas, unas dentro del área de la biología y la biomedicina, y otras dentro de la biotecnología. Esta corriente fue heredada además por nuevos centros de investigación que se han creado, como el Centro de Igeniería Genética y Biotecnología y la Unidad Irapuato del Cinvestav. Por otro lado, también se ha desarrollado en los últimos años una tendencia similar en las facultades de Medicina, de Veterinaria y de Química de la UNAM, con el ánimo de resolver problemas de importancia práctica.

Surgen así grupos de investigación con tendencias concentradas, en un caso, en la investigación básica; y en otro, en la aplicada. En ambos casos es importante saber hasta qué grado los conocimientos generados a partir de la investigación realizada en México se dan a conocer fuera y dentro del país, pero también en el segundo caso vale la pena investigar hasta qué punto los conocimientos generados con la finalidad de resolver problemas inmediatos son utilizados, o están en vías de serlo en nuestro país.

INTENCIÓN

Este ejercicio de análisis pretende señalar el grado de desarrollo de estas áreas de investigación, y luego definir el impacto terriblemente incierto (dada la falta de evidencias objetivas) que hayan tenido sobre la sociedad mexicana. Es necesario mencionar al respecto que también nuestros sistemas de difusión de la ciencia para consumo interno son insuficientes para dar a conocer los resultados de nuestras investigaciones ante nuestros compatriotas o la comunidad nacional. Pero aún más difícil parece el caso de la investigación aplicada que, además de que no siempre se publica, encuentra su difusión sólo a través de muy limitados canales. Sólo en los últimos años se ha buscado organizar medios para ello, con la intención de difundir las potencialidades o capacidades reales de los científicos y encontrar aplicaciones reales y nuevas opciones en estas áreas [5-9].

Quiénes son investigadores

Periódicamente se hacen en México encuestas sobre la población de investigadores en diferentes áreas. Las encuestas van dirigidas a diferentes grupos y tienen también distintos objetivos; sin embargo, invariablemente arrojan cifras elevadas de investigadores y asistentes, recursos, etc. Tal vez la única evaluación al respecto sea la resultante de la formación del Sistema Nacional de Investigadores, que implicó la revisión cuidadosa de cada caso, para asegurar que los miembros del Sistema fueran realmente investigadores activos. Es sobre esta base como el estudio que aquí se presenta tomó por eje principal las cifras totales registradas en dicho Sistema.

Las publicaciones

Un trabajo de investigación surge de la inquietud de un individuo en alguna área del conocimiento universal, sobre la base del ya existente y para contribuir a él. Una vez concluido el trabajo, el ciclo se completa con la adición de lo encontrado por cada investigador al conocimiento en el área, que avanza sólo mediante las contribuciones de todos. De aquí es de donde se acepta que la culminación de un trabajo de investigación está dada por su comunicación (publicación) al resto de la comunidad científica, y esto se hace a través de diferentes medios. Es conveniente entonces analizar algunos de los productos de nuestros investigadores. Aunque no siempre, en la gran mayoría de los casos se considera que la publicación más importante es aquella que se hace en una revista especializada, que tiene un sistema formal y estricto de arbitraje, y que cuenta con una difusión amplia y efectiva, de preferencia en la mayor parte de los países del mundo. Se suele distinguir a estas publicaciones de las llamadas "nacionales", aunque la línea de separación entre ambas sea motivo, en ocasiones, de enconados debates. Otro de los niveles de difusión de los resultados de la investigación científica es la presentación por medio de capítulos escritos en libros, generalmente a cargo de diversos autores, y que también pueden ser de carácter nacional o internacional. Con frecuencia, un investigador científico decide divulgar no sólo sus conocimientos, sino también los realizados por otros autores en su área de trabajo, o escribir libros, o editarlos realizando simplemente la labor de compilador. También hay libros que se editan a través de editoriales que pueden distribuir estos libros en todo el mundo, las internacionales, o bien a través de editoriales locales, obviamente con un menor ámbito de impacto.

Escribir artículos de divulgación es una actividad del

investigador científico importante para promover su existencia, actividades y logros. Hay en México algunas revistas de este tipo que buscan interesar en nuestros asuntos a públicos más amplios, dentro de los cuales se encuentran incluso estudiantes de educación media (secundaria) o media superior (preparatoria). Finalmente, un medio de difusión de los resultados de la investigación científica es su presentación en un congreso o un simposio, que suele hacerse ante un grupo relativamente pequeño, y en un tiempo determinado, y la única constancia que queda de ello, y no siempre, es un pequeño resumen en las memorias de la reunión. Es necesario tomar en cuenta que aun ya dentro del reducido número de oyentes no es raro que algunos no tengan interés real en la presentación, sin contar a los que se duermen durante ella. Sin embargo, también este producto de la investigación científica ha sido incluido dentro de la evaluación de un investigador como difusor de sus resultados y contribuyente al conocimiento universal.

Investigación "aplicada"

Sin intención de caer en una discusión formal sobre la terminología relativa a este tipo de actividad, y que en general todos entendemos, se buscará en este análisis hacer el estudio, dentro de lo posible, del impacto que esta investigación pueda haber tenido en la realidad de nuestro país, mediante dos tipos de apreciaciones:

□ La aplicación potencial del conocimiento. Se considera que existe ésta cuando hay un reporte más o menos formal sobre una investigación realizada, aunque el ideal pudiera ser la obtención de la patente de un proceso, invento, etcétera.

□ La aplicación real de un conocimiento se considera cuando existe la implantación de un proceso productivo real, o la modificación de alguno ya existente.

LOS DATOS PARA EL ANÁLISIS

Número de investigadores

La mayor parte de los datos fue proporcionada por el Sistema Nacional de Investigadores (SNI) a través de la gentil colaboración de su secretario técnico, el doctor Salvador Malo, el licenciado Luis Nieto y la referencia [4]. También se utilizaron la Agenda Estadística de la UNAM [10], el Anuario del Centro de Investigación de Estudios Avanzados del IPN [2], el documento "El Subsistema de la Investigación Científica" [3] y otras fuentes [5, 6 y 9].

El cuadro 1 muestra las cifras de investigadores, por niveles y totales, en biología y en biomedicina, según los registros del SNI hasta 1986. También se han calculado las cifras en términos de la población del país, considerando que la ciencia es una especie de beneficio para la comunidad, y que los científicos somos, en cierto modo, servidores de ella.

Las cifras son alarmantes, no sólo las absolutas sino especialmente las relativas según la población, que se antojan francamente insignificantes. Además, debe pensarse que dentro de la biomedicina, que es el área que nos ocupa, hay decenas de subespecialidades, y que en muchas de ellas ni siquiera hay un investigador en todo el país. Pero además, en la lista proporcionada por el SNI para los investigadores en biomedicina hay 30 especialidades, de las cuales sólo siete cuentan con más de 10 investigadores. Ellas son bioquímica, biología de la reproducción humana, endocrinología y nutrición, farmacología, fisiología, genética médica y neurología. Hay 12 áreas que sólo tienen entre uno y dos investigadores. También el SNI proporcionó la información sobre las instituciones en las cuales trabajan los investigadores de la misma área; sólo cinco de 41 tienen más de 10 investigadores y las otras 36 tienen un promedio de dos para cada una; 17 de ellas (casi la mitad) tienen sólo un investigador.

El cuadro 2 muestra las cifras de publicaciones totales de los distintos niveles de investigador en biología y en biomedicina. No se toman en cuenta en estos datos las presentaciones en congresos. Debe señalarse que entre los datos se incluyen las publicaciones totales reportadas por los investigadores en sus solicitudes para ingresar en el Sistema, de manera que se puede decir que la

CUADRO 1

MIEMBROS DEL SISTEMA NACIONAL DE INVESTIGADORES EN LAS ÁREAS DE BIOLOGÍA Y BIOMEDICINA, 1984-1985

	Candidatos	*I*	*II*	*III*	*Total*	*Núm. por millón**
Biología	175	203	55	32	465	5.81
Biomedicina	55	129	41	19	244	3.05
Total	230	332	96	51	709	8.86

FUENTE: datos proporcionados por el Secretariado Técnico del SNI.
* Calculados sobre 80 millones de habitantes para México.

historia conjunta de la biología y la biomedicina mexicanas arroja un total de cerca de 13 000 artículos publicados. Pero hay que tomar en cuenta que el área de la biomedicina es de las más productivas [4]; los valores en muchas otras áreas deben de ser menores.

El cuadro 3 muestra las cifras de publicaciones con fines de enseñanza realizadas por los miembros del SNI en las mismas áreas de biología y biomedicina que ingresaron en el Sistema en 1984 y 1985. También esas cifras representan los valores totales reportados durante toda la vida académica de los investigadores. Así, pues, el total de publicaciones con fines de enseñanza de los miembros del SNI ingresados en estos años es prácticamente de 1 000.

CUADRO 2

PUBLICACIONES TOTALES EN INVESTIGACIÓN DE LOS MIEMBROS DEL SNI EN LAS ÁREAS DE BIOLOGÍA Y MEDICINA: INGRESOS 1984 Y 1985

	Candidatos	*I*	*II*	*III*	*Total*
Biología	519	2 747	1 667	1 770	6 703
Biomedicina	228	3 295	1 845	1 800	7 168
Total	747	6 042	3 512	3 570	12 871

FUENTE: datos proporcionados por el Secretariado Técnico del SNI; no incluyen presentaciones en reuniones científicas.

Otra de las actividades importantes de los investigadores es la divulgación. El cuadro 4 nos muestra las publicaciones de este tipo logradas por los miembros del Sistema Nacional de Investigadores que ingresaron en los años 1984 y 1985; fueron 1 248. Nuevamente, los números se refieren a todo el historial académico de los investigadores y no sólo a esos dos años.

CUADRO 3

PUBLICACIONES PARA ENSEÑANZA DE LOS MIEMBROS DEL SNI EN LAS ÁREAS DE BIOLOGÍA Y MEDICINA REGISTRADOS EN 1984 Y 1985

	Candidatos	*I*	*II*	*III*	*Total*
Biología	23	110	81	52	266
Biomedicina	26	404	192	114	736
Total	49	514	273	166	1 002

FUENTE: datos proporcionados por el Secretariado Técnico del SNI.

Para tener una idea, si no sobre el impacto en la población misma del país, al menos sobre el intento que hace para difundir internamente nuestros resultados, el ideal sería contar con la misma información catego-

CUADRO 4

PUBLICACIONES DE DIVULGACIÓN DE LOS MIEMBROS DEL SNI EN LAS ÁREAS DE BIOLOGÍA Y BIOMEDICINA INGRESADOS EN 1984 Y 1985

	Candidatos	*I*	*II*	*III*	*Total*
Biología	54	257	62	137	510
Biomedicina	15	257	230	236	738
Total	69	514	292	373	1 248

FUENTE: datos proporcionados por el Secretariado Técnico del SNI.

rizada en cuanto a publicaciones nacionales e internacionales para los investigadores del SNI. Desgraciadamente, estos datos no se pudieron obtener debido a que el banco de datos del SNI no está completamente desarrollado todavía. En sustitución de esto se buscó hacer un análisis de una muestra de investigadores representada por los Institutos de Biología, Fisiología Celular e Investigaciones Biomédicas, y los Centros de Fijación del Nitrógeno y de Ingeniería Genética y Biotecnología de la UNAM, durante los años 1984 y 1985 [11,12]. Estos Centros de Investigación de alguna forma pueden servir como muestra representativa de la investigación en las áreas aquí consideradas. El cuadro 5 nos muestra que el total de publicaciones obtenidos es más o menos igual en los ámbitos nacional e internacional, de manera que sí parece haber una actividad de difusión de nuestros resultados hacia el interior del país. Esto es cierto para casi todos estos centros de investigación, exceptuando el Instituto de Fisiología Celular, que definitivamente tiene una tendencia mayor a publicar sus resultados en revistas de circulación más amplia. Para dar una idea aproximada de la productividad de los investigadores, se incluye el número de aquellos que cada una de estas dependencias de la UNAM declaró tener en el Anuario de la Coordinación de la Investigación Científica en 1984 [4] y que puede haber variado ligeramente para 1985.

CUADRO 5

PUBLICACIONES NACIONALES E INTERNACIONALES POR LOS CENTROS E INSTITUTOS EN LAS ÁREAS DE BIOLOGÍA Y BIOMEDICINA DE LA UNAM EN 1984 Y 1985

Instituto o centro	*Núm. de invest.*	*Publicaciones* *Nacionales*	*Internacionales*	*Totales*
Biología	82	85	70	155
Fijación de nitrógeno	18	16	16	32
Fisiología celular	24	22	83	105
Ing. genética y biotecnología	13	21	11	32
Invest. biomédicas	66	75	59	134
Totales	203	219	239	458

FUENTE: datos extraídos de los informes de la UNAM de 1984 y 1985; los referentes al núm. de investigadores fueron extraídos del informe de 1984, y pueden haber variado en 1985.

Como veremos más adelante, otro de los elementos importantes a analizar consiste en conocer también, aunque sólo sea en esta muestra, las revistas nacionales en las que se publica la mayoría de los trabajos a que se refiere el mismo cuadro 5 para los años 1984 y 1985. En el cuadro 6 puede verse muy claramente que hay una revista en la cual se publicó más del 20% de los trabajos nacionales producidos en esta área; pero además estos trabajos representaron, a su vez, más del 30% de la producción de uno de los institutos durante los años considerados. El resto de los trabajos analizados se distribuyó con un cierto predominio todavía de otras seis revistas, pero un buen número de los trabajos nacionales, aproximadamente el 10%, se distribuyó en un total de 16 revistas diferentes, también de circulación restringida. El mismo cuadro 6 muestra que la actividad de divulgación en revistas no es muy intensa para estos centros de investigación, pero muy claramente observamos

CUADRO 6

REVISTAS NACIONALES EN LAS QUE SE PUBLICÓ LA MAYORÍA DE LOS TRABAJOS A LOS QUE SE REFIERE EL CUADRO 5 (1984-1985)

Revista	*Núm. de trabajos*
An. Inst. Biol.	48
Bol. Est. Méd. Biol.	9
Bol. Soc. Bot. Méx.	8
Cact. Suc. Méx.	8
Invest. Cient. Tecnol.	5
Rev. Comput.	5
Salud Púb. Méx.	5
Otras (16 títulos)	24
Divulgación:	
Ciencia y Desarrollo	5
Biótica	5
Otras	4

FUENTE: datos extraídos de los informes de la UNAM de 1984 y 1985.

que la revista *Ciencia y Desarrollo* es la única o al menos la más importante, como veremos más adelante, dentro de esta actividad de los investigadores.

Otro de los elementos a considerar, íntimamente relacionado con el número de trabajos publicados en estas revistas nacionales, es el impacto, al menos potencial, que puedan tener de acuerdo con las características de la revista en la cual se publican. El cuadro 7 nos proporciona el tiraje de cada una de estas revistas [13], y en este sentido se ve que la revista *Ciencia y Desarrollo* destaca notablemente sobre las demás; esto es importante sobre todo si tomamos en cuenta que otra de las revistas de mayor circulación, *Naturaleza*, ha sido suspendida, al parecer por razones económicas. Es un tanto desafortunado, por otro lado, el hecho de que dos de las revistas más utilizadas por los investigadores de nuestras áreas tengan un tiraje de sólo 1 000 o 1 500 ejemplares, lo cual disminuye sus posibilidades de impacto real.

Por otro lado, de las revistas consideradas, encontramos que son sólo dos las de divulgación que se encuentran

CUADRO 7

REVISTAS CIENTÍFICAS Y DE DIVULGACIÓN DE LA CIENCIA EN MÉXICO

Revista	*Fecha último número*	*Tiraje*	*Observaciones*
Ciencia y Desarrollo	jul. de 1986	50 000	—
Naturaleza	dic. de 1984	5 000	suspendida
Ciencia	mar. de 1986	5 000	—
Bol. Est. Méd. Biol.	1984	1 000	vol. 3, núm. 1
An. Inst. C. M. y L.	1985	1 500	vol. 12
An. Inst. Biol.	1984	1 500	vol. 3, núm. 8

FUENTE: datos obtenidos de las propias editoriales y de la ref. [13]

al corriente en este momento: *Ciencia y Desarrollo* y *Ciencia*. Entre las publicaciones nacionales es frecuente observar esta situación [13], que por un lado hace perder la efectividad y la oportunidad de aparición a los datos que los investigadores ahí publican, y por otro también desanima a los investigadores respecto a utilizarlas como medio de difusión de los resultados de investigación.

Si no es fácil obtener la información sistematizada que se refiere a las actividades realizadas en investigación básica en nuestro país, más difícil aún es recoger o aun encontrar la información referente a la investigación científica aplicada u orientada. Aunque existen catálogos completos de proyectos declarados en marcha [6], en investigación aplicada es muy difícil tratar de establecer una correlación entre el número de proyectos y algo más real, o que equivalga de alguna forma a la publicación del investigador en ciencia básica. En la UNAM, en los últimos años, se ha dado especial importancia a estas actividades de investigación en diferentes institutos y centros, y el Centro Universitario para la Innovación Tecnológica se ha encargado de elaborar catálogos en donde es posible conocer el impacto que estas investigaciones tienen en forma potencial o real sobre los problemas inmediatos [9]. El cuadro 8 muestra los datos que fue posible recolectar, nuevamente para el ámbito de la UNAM, dentro de las áreas de biología y biomedicina. Tanto los proyectos como sus distintas manifestaciones de impacto en la sociedad se separaron en tres grandes áreas: la industria alimentaria, la farmacéutica y las de nutrición y salud. Según se muestra en el cuadro, se detectó un total de 139 proyectos de investigación en desarrollo, que dieron lugar a un total de 18 contratos con distintas instituciones, entre las cuales predomina el Conacyt, y a 13 desarrollos terminados con uso potencial importante, pero sólo se ha llegado a implantar desarrollos de este tipo provenientes de proyectos de investigación aplicada en seis de los 139 casos. Ésta es también desafortunadamente la información más completa que ha sido posible recabar al respecto.

CUADRO 8

INVESTIGACIÓN CIENTÍFICA ENCAMINADA A LA SOLUCIÓN DE PROBLEMAS INMEDIATOS EN LA UNAM. ÁREAS DE BIOLOGÍA Y BIOMEDICINA

			Uso	
	Proyectos	*Contratos*	*Potencial*	*Real*
Ind. alimentaria	52	10	7	3
Ind. farmacéutica	40	3	2	1
Nutrición y salud	47	5	4	2
Totales	139	18	13	6

FUENTE: datos extraídos de la ref. [6], de *Integración Tecnológica*, 2: 8, 1986, y del Centro para la Innovación Tecnológica de la UNAM.

ANÁLISIS DE LOS DATOS

El sistema científico en las áreas de biología y biomedicina

La idea inicial de este trabajo era revisar los parámetros analizados, para el área de la llamada biología experimental. Por desgracia, esta categoría no existe en la única fuente de información más o menos completa, el SNI. En su lugar están las áreas de biología y biomedicina. Para los fines de nuestro estudio, esta separación es algo desafortunada debido a que, según la lista que nos fue proporcionada por el SNI y la realidad misma, no puede haber una separación clara entre las dos. Es necesario entonces tomarlas juntas, pues hay una gran cantidad de biólogos experimentales que quedan dentro del concepto más amplio de biología, y que no están enlistados dentro del área de biomedicina, y viceversa. Pero aún así, tomando completas la biología y la biomedicina, los datos del cuadro 1 son desalentadores; estas cifras corresponden a un país que cuenta con 80 millones de habitantes, donde el total otorga a las áreas completas de biología y biomedicina sólo 709 investigadores, de los cuales incluso 230 son candidatos, por lo que llegamos a la conclusión de que la población de investigadores en estas áreas, como probablemente suceda en muchas otras ciencias, es en realidad insignificante dentro del país.

No tenemos los datos para apoyar con certeza el dicho, pero ésta parece ser la situación general en cuanto al desarrollo de otras instituciones como el Cinvestav y las de salud, que representan los grupos más importantes interesados en desarrollar la investigación científica. En las universidades de provincia los esfuerzos son prácticamente nulos, salvo pequeños grupos que con dificultad empiezan a arrancar en algunas partes. Otro hecho importante, pero desalentador también, es que las áreas de biología y biomedicina, sobre todo si se les toma juntas, están entre las más desarrolladas y productivas. Si en ellas hay especialidades muy poco desarrolladas o ausentes, ¿qué podrá esperarse en otras áreas?

No obstante, hay dos formas de ver el problema; una de ellas consiste en pensar que la situación refleja de alguna manera la intención de los mexicanos, población y autoridades, que durante varios siglos descuidaron y siguen descuidando, salvo rachas de corta duración, el desarrollo de la actividad científica del país. Pero, por otro lado, se puede pensar que una cifra de algo así como medio millar de individuos preparados e inteligentes puede representar una base que, aprovechada adecuadamente y bien apoyada, pudiera dar lugar a un desarrollo geométrico, que a la vuelta de algunos decenios nos ofreciera una población razonable de científicos para este país. Desgraciadamente, y esto no se nota en especial durante los últimos años, la ciencia no parece representar una prioridad importante para el país y, al menos en la UNAM, la cifra de investigadores se ha estancado durante los últimos cinco años, aparentemente debido en gran parte a la falta de apoyo y estímulos para el desarrollo de esta actividad. Hay que insistir en que, aunque hay cifras que presentan panoramas más halagüeños, su realidad es difícil de comprobar. Tal vez por ahora sea sólo el SNI la fuente segura para hacer análisis bien fundamentados y de un nivel aceptable sobre la ciencia mexicana.

Productividad

Desgraciadamente también, los datos sobre productividad procesados hasta la fecha en los bancos de datos del SNI se refieren exclusivamente a totales, que sólo nos hablan del historial académico completo de sus miembros, pero no nos permiten desglosar, ni por niveles, ni mucho menos conocer con más detalle el trabajo de investigación en las áreas que nos ocupan, ni un estudio en el tiempo, para tener un diagnóstico más adecuado a las necesidades del momento. Sin embargo, parece que la productividad de los investigadores que ingresaron en el sistema es razonable, pues de hecho las comisiones dictaminadoras usan este parámetro como elemento esencial para la admisión en los distintos niveles. Pero no es esto todo. Si aceptamos como válida la muestra considerada en el cuadro 5, que se refiere a las publicaciones realizadas por los centros e institutos más importantes de las áreas de biología y biomedicina de la UNAM para 1984 y 1985, resulta en promedio un poco más de un trabajo (1.13) por investigador y por año para el lapso considerado. Esto refuerza lo dicho antes: hay una base firme y productiva de grupos de investigación en algunas áreas; se empieza a hacer ciencia, de poca importancia cuantitativa, pero sólida. Esto ha ocurrido con poco apoyo; cabría esperar que si éste aumenta, se produzca un efecto multiplicador, de lo contrario se perderá el avance logrado.

Difusión de los resultados de las investigaciones

Una buena parte de nuestros investigadores en estas áreas ha llegado a considerar importante la difusión de sus resultados en un nivel internacional, lo cual nos habla de una intención de contribuir a la ciencia universal, en contra de la circunscripción al ámbito nacional o local. Pero, por otra parte, también hay un interés claro, sobre todo en algunos grupos, de difundir los resultados de sus investigaciones de manera predominante dentro del país. Es lamentable que al mismo tiempo no exista manera de evaluar objetivamente el impacto de estas publicaciones nacionales; sería importante definir, en primer lugar, qué población de nuestros compatriotas, e incluso de investigadores de otros países, lee estos trabajos. Pero al mismo tiempo deberíamos poseer una escala absoluta para definir su calidad. Finalmente, también sería conveniente definir en qué grado estas publicaciones llegan a convertirse en contribuciones al conocimiento científico real, y no son simplemente papel impreso (como sucede, no sólo en México sino también en otras partes del mundo, con trabajos de investigación aislados que no se incorporan al acervo universal del conocimiento y, una vez publicados, mueren).

Sin embargo, vale la pena hacer algunas consideraciones en relación con la publicación de trabajos en revistas de circulación restringida (una publicación con 1 000 o 1 500 ejemplares no puede considerarse de difusión amplia en el mundo de la biología). En igualdad de circunstancias, nuestros trabajos tendrían muchas más posibilidades de ser conocidas por otros investigadores si los enviamos a revistas de circulación más amplia y aceptamos que no es precisamente el español, sino el inglés, el idioma de la ciencia, y que la gran mayoría de los investigadores del mundo son capaces, si no de escribir correctamente en este idioma, sí de entenderlo. De esta manera surge un problema interesante: puede parecer ridículo, pero si queremos comunicarnos con nuestros colegas, hasta en el país, y si queremos también formar parte del concierto universal de la investigación científica, hemos de escribir en inglés. Lo mismo podemos dirigirnos a una buena parte del público adecuado escribiendo en este idioma, pues aun a los estudiantes de licenciatura se les exige leer en otro idioma diferente al español, principalmente en inglés. En cuanto a la divulgación de nuestros conocimientos, actividades, inquietudes, etc., hay revistas de divulgación, entre las cuales desgraciadamente y por ahora sólo parece existir una, que es *Ciencia y Desarrollo*, que realmente parece satisfacer las necesidades de divulgación de un público más amplio, bajo estándares nacionales. Otra revista científica mexicana de gran tradición, *Ciencia*, manejada por la Academia de la Investigación Científica, aunque ya cuenta con un Comité Editorial efectivo, no parece haber recuperado las características de infraestructura, constancia, sistema eficiente de distribución, etc., que la harían adecuada.

Por desgracia, el investigador mexicano se enfrenta frecuentemente a la disyuntiva de impulsar por diversos motivos alguna publicación, a sabiendas de que su trabajo, aunque sea de divulgación, difícilmente tendrá el impacto deseado, o bien enviarlo a una revista de circulación más amplia, en detrimento de la de menor circulación, pero con mayores posibilidades de alcanzar al público que pretende. En resumen, dado que no es posible conocer objetivamente el impacto que tienen las publicaciones nacionales de nuestros investigadores, sólo es posible ofrecer información fragmentada y conclusiones basadas en la especulación. Aclarado esto, se intuye que el impacto de la ciencia mexicana sobre los propios mexicanos es muy escaso, aun dentro de los círculos científicos mismos. Esto se agrava por el hecho de que los núcleos de especialistas en cada área son terriblemente escasos en nuestro país. Por dar una sola cifra, y de acuerdo con el listado proporcionado por el SNI para las áreas de biología y biomedicina, en la especialidad de bioquímica sólo existen 111 investigadores activos y productivos en el país, y esta cifra incluye a los candidatos a investigador. Si las áreas mencionadas sólo cuentan con un total de 709 investigadores y candidatos, resultaría que un investigador biomédico mexicano tendría, muy a *grosso modo*, una audiencia de algo así como un millar de miembros registrados, al menos de la comunidad científica nacional. Tal vez ésta no sea una aproximación descabellada sobre la realidad del impacto de nuestras investigaciones, si nos empeñamos en comunicarlas esencialmente dentro de nuestro propio país.

Pero también, y sobre todo en algunos casos, es necesario considerar las razones por las que estas publicaciones son de escasa calidad. Suele tratarse de revistas que no tienen un apoyo económico suficiente, y de ahí la falta de la infraestructura académica y administrativa adecuadas. Al menos algunos de los editores de estas publicaciones ni siquiera cuentan con una secretaria, con lo que sus revistas se convierten en empresas prácticamente artesanales que sobreviven de milagro, y ello establece un círculo vicioso que lleva a que sólo trabajos de escasa calidad aparezcan en ellas. Se da incluso el caso de trabajos de buena calidad que, enviados a una publicación de estas características, se pierden o diluyen entre los demás.

Otro elemento que tal vez deba considerarse en este contexto es el número de publicaciones que existen, algunas con características similares. Tal parece que cada instituto, sociedad científica o grupo busca contar con su propio foro, aun a riesgo de que, desde el principio, tenga escaso público. Incluso, algunas universidades de provincia toman como una muestra de "madurez" la "capacidad" de editar una publicación periódica. Tal parece que es más importante publicar que ser leído.

La solución, aunque se antoja muy simple, muestra grandes dificultades; representaría reunir esfuerzos y recursos de tantas publicaciones semejantes y producir alguna o muy pocas de verdadera calidad, eficiencia, puntualidad, revisión editorial efectiva, amplia distribución, etcétera.

Impacto de la investigación aplicada

De la misma forma, en el caso de la investigación aplicada se repite el elemento de la insuficiencia, de la pequeñez de la áreas y, todavía más, de la dispersión de números pequeños de investigadores dentro de cada una de ellas. El catálogo de las llamadas investigaciones orientadas a la resolución de problemas nacionales que se realizan en la UNAM nos da, para las áreas incluidas dentro del cuadro 8, un total de 139, que también de forma muy aproximada, si pensamos que la UNAM realiza algo así como el 20 o 30% de la investigación del país, pudiéramos tal vez multiplicar por 4 o 5, o 10 si nos parece, y habría un total de algo así como 1 400 proyectos de investigación en estas áreas para el país. Esto es obviamente insignificante para un país de 80 millones de habitantes, pero derivado de esto no parece haber interés de otras instituciones por nuestros proyectos; los datos de la muestra indican que menos de un 20% de esos proyectos despierta interés en otras instituciones, al grado de apoyarnos o colaborar con nosotros mediante el establecimiento de contratos. A través de varios años, y contando otros proyectos que tal vez ya hayan terminado, encontramos que menos del 10% del número de proyectos vigentes se ha convertido en resultados de uso potencial en el momento. Pero más aún, encontramos que menos del 5% de esta cifra puede considerarse posible de uso real para resolver de inmediato algún problema. Esto no es sorprendente, ni mucho menos signo de ineficiencia de los investigadores involucrados en esos proyectos. Las empresas que se dedican a hacer lo que se llama investigación y desarrollo, para lograr algún modelo nuevo de cierto aparato, algún componente importante de utilidad en la industria o cualquier otro resultado típico de un programa de desarrollo tecnológico, contratan a numerosos investigadores e invierten cantidades mucho mayores a las que en general invierten nuestras universidades o nuestros países en estos renglones. La duda que surge en este asunto es si las universidades y otras instituciones de educación superior o de investigación de nuestro país deben o no asignar a su personal del más alto nivel la resolución de problemas del sector productivo gubernamental o privado, o mantenerse realizando las más elevadas funciones en la investigación y formación de recursos humanos.

Y es que, a semejanza de lo que sucede con la investigación básica, en nuestro país las industrias no han cumplido con una de sus principales obligaciones: hacer investigación y desarrollo [5, 7 y 8]. Además, en los últimos años se ha tratado de convencer a las universidades de asumir esa labor; la tendencia presupuestal actual del país está orientada a apoyar con gran preferencia esta investigación. El asunto puede ser sumamente serio: implica cambiar las líneas de investigación básica por otras de investigación aplicada. Aunque en algunos casos esto es posible, en otros no sólo sería difícil sino dañino. Además es un error pensar en hacer investigación aplicada de calidad si no hay frente a ella y como complemento una investigación básica extensa y de muy alto nivel.

CONCLUSIONES

Este breve trabajo puede dar la impresión de un pesimismo terrible; el análisis de los datos recopilados nos lleva a una serie de manifestaciones que en conjunto apuntan a algo que ya se había señalado en la introducción, la insignificancia de la ciencia en México; pero es posible hacer algunas propuestas factibles para cambiar el panorama:

1] La ciencia es insignificante en nuestro país, en parte porque quienes tienen la capacidad de tomar decisiones y establecer prioridades así lo han decidido durante casi cinco siglos. En el momento, y a pesar de ello, hay una pequeña pero sólida base, que permitiría el desarrollo de estos grupos hasta convertirlos en algo realmente importante no sólo desde el punto de vista académico sino (eventualmente) también desde el punto de vista práctico para el país.

2] Esto lleva lógicamente a la propuesta de que lo más importante es que los grupos de investigación en este momento crezcan y se multipliquen sin otro criterio inmediato que su *calidad*.

Es necesario brindar apoyo real a la ciencia mexicana para que, al contar con números más o menos razonables de investigadores, esté verdaderamente en condiciones de ofrecer soluciones al país. Paralelamente se podrá estimular el crecimiento de la ciencia aplicada, pero ello no se debería hacer promoviendo la prostitución o el desprecio de la ciencia básica. Para realizar esto sería suficiente priorizar en forma adecuada la distribución de los fondos que se destinan a investigación, asignándolos preferentemente a aquellos grupos que han demostrado capacidad y calidad en su producción científica, sin distinción de área, básica o aplicada.

3] Se deben estimular los *buenos* programas de posgrado ofreciendo becas atractivas a los estudiantes brillantes egresados de las distintas licenciaturas que existen en el país y que deseen ingresar en ellas.

4] Se debe convertir la carrera de investigador científico en algo atractivo, de manera que los jóvenes vean el camino de la investigación como algo interesante, y no como un destino que sólo abracen mediocres, locos y/o masoquistas, que deciden antes que otra cosa privarse de la opción de una vida decorosa y económicamente tranquila para sí y sus allegados.

5] Una vez que contemos con un número razonable de centros de investigación, con cuadros adecuados, podríamos hasta mejorar la calidad de nuestras publicaciones periódicas locales, conjuntando capacidades y recursos, y lograr una calidad más que razonable en algunas de ellas.

Es curioso que haya países que hace siglos incluyeron en su constitución, como algo fundamental, la investigación científica. Incluso se conoce el caso de un país que antes de existir como tal creó un sólido instituto de investigación. Es lamentable observar que en el nuestro esta actividad se considera superflua y por ello innecesaria, y que los pocos centros de investigación científica existentes funcionen en tantas ocasiones en contra de la decisión gubernamental, que consciente o inconscientemente parece estar dirigida a bloquear su funcionamiento.

REFERENCIAS

[1] Valadez, D., *La Univ. Nac. Aut. de Méx.*, México, UNAM, 1974.
[2] *Anuario Cinvestav, 1982-1983.*
[3] *El subsistema de la investigación científica*, anuario preparado por la Coordinación de la Investigación Científica de la UNAM, 1985.
[4] Malo, S., "El Sistema Nacional de Investigadores", en *Ciencia y Desarrollo*, año 12, núm. 67, 1987, pp. 55-73.
[5] Waissbluth, M., Cadena, G., Solleiro, G., "La vinculación universidad-industria, una experiencia en México", en *Revista de Administraçao, 20*: 93-98, 1985.
[6] *Catálogo de investigaciones orientadas a la resolución de problemas nacionales*, México, Dirección General de Publicaciones, UNAM, 1985.
[7] Martuscelli, J. y Waissbluth, M., "Las universidades y el desarrollo tecnológico del país", en *Rev. Educ. Sup., México, 58*: 19-31, 1986.
[8] Martuscelli Quintana, J., Brust-Carmona, H. y Faba-Beaumont, G., "La introducción de resultados de investigación científica y tecnológica en el área de la salud: alternativas y problemas", en *Salud Pública de México, 28*: 300-312, 1986.
[9] "Balance de actividades", en *Integración Tecnológica*, núm. 7, vol. 2, UNAM, 1985.
[10] *Agenda Estadística UNAM, 1986.*
[11] *Informes UNAM, 1984.*
[12] *Informes UNAM, 1985.*
[13] Orozco Tenorio, J., *Las publicaciones periódicas mexicanas*, México, Instituto Tecnológico Autónomo de México, 1986.

EL USO DE LA INFORMACIÓN CIENTÍFICA EN MÉXICO: CONCLUSIONES

RUY PÉREZ TAMAYO*

INTRODUCCIÓN

Ésta es la última conferencia del ciclo titulado "El Uso de la Información Científica en México", que bajo los auspicios de El Colegio Nacional y el Centro de Investigaciones Interdisciplinarias de la UNAM he tenido el privilegio de coordinar. Han participado en este ciclo varios científicos mexicanos distinguidos, tres de ellos miembros de El Colegio y todos expertos reconocidos en sus respectivos campos de la ciencia.

Me corresponde a mí cerrar el ciclo y para ello he dividido esta conferencia en tres partes: 1] en la primera hago una serie de consideraciones generales sobre las ideas que tuve y los objetivos que pretendía alcanzar al planear el tema general e invitar a mis distinguidos colegas; 2] en la segunda me permito hacer un resumen esquemático de los resultados generales de las conferencias como un todo, con algunas menciones específicas, y 3] en la tercera repaso otra vez mis objetivos iniciales e intento hacer un balance final de los resultados.

* Facultad de Medicina, Universidad Nacional Autónoma de México; miembro de El Colegio Nacional.

SOBRE EL CONTENIDO DE ESTE LIBRO

La información desempeña un doble papel en la ciencia: por un lado representa uno de los instrumentos o útiles de trabajo más importantes para el investigador, mientras que por el otro lado es el producto final de sus esfuerzos. En efecto, para formular una pregunta o examinar un problema, sea en forma observacional o experimental, el investigador requiere estar razonablemente bien informado del estado actual del conocimiento en el área. Tal información le servirá para dos cosas importantes y distintas: en primer lugar, para establecer de la manera más clara y objetiva posible la pregunta que desea contestar y, en segundo lugar, para no repetir involuntariamente observaciones o trabajos que ya se encuentran documentados. Digo involuntariamente porque no es nada raro (de hecho es práctica común) que buena parte del trabajo de un investigador científico sea precisamente la repetición voluntaria de observaciones y/o experimentos ya registrados en la literatura, con objeto de convencerse de que las cosas son como se dice, de aprender alguna técnica o método nuevos, o como punto de partida para trabajos originales. Ésta es una de las funciones más importantes del investigador y constituye uno de los pilares fundamentales de la ciencia, uno de cuyos principios centrales es la reproducibilidad de observaciones y resultados. De manera que el científico requiere del flujo contínuo e ininterrumpido de la información relevante al área o al problema específico en que trabaja, tanto como requiere espectrofotómetros, telescopios, centrífugas, sustancias químicas y otros instrumentos. La mayor parte de esa información le viene de fuera, es generada y difundida por otros investigadores, por lo que en esta conferencia la llamaré *externa*, aunque no se me escapa que en cuanto el científico empieza a obtener resultados en su propio trabajo, la información así producida adquiere de inmediato la misma función que la derivada de otras fuentes. Sin embargo, en este caso la información ha surgido como consecuencia de la investigación realizada, es el producto de la actividad científica, que puede adoptar formas diferentes, como respuesta a una pregunta, formulación de una hipótesis, corrección de algún dato y otras más. Para distinguirla de la información que funciona como instrumento de trabajo, o *externa*, voy a llamar *interna* a aquella generada como producto del trabajo científico. Naturalmente, cuando la información *interna* se difunde por las vías habituales a otros investigadores (conferencias, seminarios, congresos, publicaciones, etc.) se transforma en *externa*. Aunque a primera vista esta clasificación de la información científica en *interna* y *externa* parece artificial (y no cabe duda que lo es), en un momento se verá que permite distinguir distintos tipos de problemas que pueden surgir con respecto a cada una de las dos clases de información enunciadas.

Con este esquema general pensé que sería útil examinar el estado actual del uso de la información científica en México, inscribiendo el esfuerzo dentro del programa que incluye a muchas de las actividades de este año en El Colegio Nacional, y que es "Ante la Crisis: Revisión de México". Porque es indudable que la crisis está afectando a la ciencia mexicana, pero de tantas y tan diversas maneras que intentar cubrirlas todas nos condenaría a la superficialidad. En cambio, restringiendo nuestro interés a un solo aspecto de la ciencia en México podríamos intentar profundizar más en él, entenderlo mejor y quizá hasta ofrecer algunas soluciones concretas a las cuestiones más urgentes. Además, para conservar las ventajas de una visión multidisciplinaria era necesario seleccionar un tema común a las distintas ramas de la ciencia representadas por los diferentes colegas invitados, y para esto la información se ofrecía como una de las opciones más aceptables. Como se verá en un momento, a lo largo de las conferencias el tema reveló ser tan amplio y tan rico que sólo gracias a la eminencia y al juicio crítico de los conferencistas se pudo tratar con cierto detalle y obtener al final una perspectiva más o menos completa de la realidad.

Desde luego que no todas las ramas de la ciencia estuvieron representadas en este ciclo de conferencias, y eso por dos razones: en primer lugar había que poner un límite al número de participantes, y el escogido me pareció adecuado para asegurar una saludable diversidad de opiniones sin superar las capacidades del coordinador para organizar el ciclo y posteriormente editar los manuscritos de las conferencias. En segundo lugar, algunos distinguidos científicos mexicanos que fueron invitados a participar se excusaron por razones de viaje. Sin embargo, creo que la representación de la variedad de la ciencia finalmente alcanzada es satisfactoria y le ha proporcionado a este ciclo de conferencias una base sólida para examinar los aspectos generales del uso de la información científica en México.

El título general del ciclo de conferencias que hoy termina se modificó durante los nueve meses que duró su gestación. En la primera reunión que tuve con el doctor Pablo González Casanova, director del Centro de Investigaciones Interdisciplinarias de la UNAM, sobre este tema, estuvimos de acuerdo en organizar el ciclo y posteriormente el volumen, con el título "El Uso por Científicos Mexicanos de la Información Científica Generada en México". Unos días después me pareció el tema demasiado estrecho y lo amplié a "El Uso por Científicos Mexicanos de la Información Científica", pensando que de esa manera se incluía no sólo la información producida por los propios investigadores de México sino la de todo el mundo. Pero pocos días más tarde me di cuenta de que restringiendo el tema a los científicos mexicanos estaba excluyendo a muchos otros usuarios del producto de la ciencia, como estudiantes, industriales, ingenieros, médicos y muchos otros más; de hecho, estaba excluyendo a todos los mexicanos no científicos. Cambié entonces el tema una vez más, la última, por el que sirvió para el ciclo de conferencias, "El Uso de la Información Científica en México". Este relato me sirve para especificar de manera más clara los objetivos del ciclo, que fueron los mismos para cada una de las ramas de la ciencia representadas en él, y que pueden enunciarse como los siguientes:

1] Examinar el estado actual del flujo de información científica, tanto *externa* como *interna*, señalando los canales más comunes y distinguiendo entre usuarios científicos y los grupos no científicos más importantes. Este objetivo podía cumplirse de manera más completa si iba precedido o acompañado de un esquema del sistema social y económico dentro del que fluye la información correspondiente a cada rama de la ciencia.

2] Identificar los problemas actuales en el uso de la información científica, especificando aquellos creados o incrementados por la crisis y destacando sus consecuencias a corto y a mediano plazo.

3] Sugerir las soluciones prácticas posibles para los problemas mencionados, así como las medidas precautorias que podrían tomarse para evitar su reaparición en el futuro.

Es obvio que los objetivos eran ambiciosos, pero dada la capacidad y la experiencia de los conferencistas mis aspiraciones estaban completamente justificadas y, para mi satisfacción (*no* para mi sorpresa), se vieron plenamente confirmadas. Lo que surgió fue una colección muy valiosa y diversa de datos, observaciones e ideas; de análisis críticos y expertos, y de sugestiones concretas, que en ciertos casos ya se están llevando a cabo. Algunos problemas son complejos, sus causas son múltiples y antiguas y las soluciones requieren tiempo y esfuerzo; otros, en cambio, obedecen a situaciones creadas o agravadas por la crisis y se resolverían con cambios relativamente simples de estructuras administrativas o institucionales; finalmente, en todos los problemas existe un elemento humano crítico cuya solución es siempre la misma, y es que *se necesitan más elementos técnicamente capacitados en nivel de excelencia.*

ALGUNOS PROBLEMAS GENERALES

Paso ahora a la segunda parte de esta presentación, donde me voy a permitir hacer un resumen de lo surgido en el ciclo de conferencias que hoy termina. Para ello voy a usar los tres objetivos señalados arriba y voy a presentarlo en forma de generalizaciones, en lugar de individualizar cada una de las conferencias; sin embargo, ocasionalmente me referiré a una o más de aquellas en las que surgió algún aspecto con especial fuerza o claridad.

La heterogeneidad de los sistemas científicos

Quizá la observación más interesante surgida en todo el ciclo fue la gran heterogeneidad de los sistemas por donde fluye la información científica especializada de cada una de las áreas de la ciencia. Además, los sistemas no sólo son heterogéneos, sino que también difieren radicalmente en complejidad; quizá los dos extremos presentados fueron el sistema de salud (en relación con drogas y con padecimientos infecciosos), que es muy extenso y casi increíblemente complejo, y el de química industrial, que está formado por generadores y usuarios de la información y cuyas interacciones están bien definidas.

La heterogeneidad de los sistemas especializados también incluye a la historia; algunos, como las ciencias biológicas y la ingeniería, tienen una tradición de más de 50 años de trabajo ininterrumpido en México y como consecuencia son ricos en extensión y en problemas; otros son mucho más recientes y se encuentran en etapa de crecimiento. Otra fuente más de heterogeneidad de los sistemas a través de los cuales debe fluir la información estriba en el rango de aplicabilidad o utilización de la variedad caracterizada aquí como *interna*: cuando se usa principalmente para generar más conocimientos, el sistema se mantiene contraído y es de estructura relativamente simple, como en el caso de la física, pero cuando se transforma rápidamente en *externa* y su aplicación desborda a la comunidad científica propiamente dicha, el sistema se expande de manera concomitante y aumenta no sólo en tamaño sino también en complejidad, como en el caso de las ciencias de la salud.

Como era de esperarse, los sistemas que cuentan con componentes numerosos requieren y utilizan gran variedad de canales para garantizar el flujo libre de la información, y en consecuencia están expuestos a un grupo mucho mayor de problemas potenciales y actuales que los sistemas más sencillos. Además, mientras más próximo se encuentre el obstáculo al origen de la información (que será diferente si se trata de la *externa* o de la *interna*), mayor y más variado será el efecto negativo de la deficiencia en el flujo de la información.

De todo lo anterior puede concluirse que para conocer las características propias del flujo de información en cada disciplina científica es necesario definir y describir la estructura del sistema social y económico que la constituye. En México, la variedad en el desarrollo de las diferentes áreas de la ciencia se refleja en la coexistencia de sistemas muy distintos, tanto en tamaño como en complejidad, que por lo tanto revelan gran variedad en los mecanismos de flujo de la información y en la naturaleza y gravedad de los problemas que los afectan.

Problemas en el uso de la información científica

En las diferentes conferencias surgieron muchos problemas sobre el uso de la información científica en México, que en un intento de sinopsis podrían reducirse a cuatro grupos genéricos. La crisis ha contribuido a agravar unos y a crear otros, y en cada caso fue posible señalar la dirección y la magnitud de su influencia negativa en el desarrollo de la ciencia. Estos cuatro grupos son los siguientes:

i] *Insuficiencia de información externa*. Éste es el grupo genérico de problemas en el que coincidieron todos los conferencistas, aunque algunas áreas de la ciencia (física, química, sismología) han sido afectadas menos gravemente que otras (biología, medicina). Las bibliotecas institucionales han visto reducirse sus presupuestos en forma dramática, mientras la devaluación de la moneda ha elevado los precios de libros y publicaciones periódicas a alturas definitivamente inalcanzables, por lo que las adquisiciones de libros se han reducido a un mínimo meramente simbólico y muchas colecciones de revistas se han interrumpido. A la velocidad con que se genera la información científica *externa* en algunos campos de la ciencia contemporánea (especialmente en ciencias biomédicas), bastan un par de meses de disminución en el flujo libre de nuevos conocimientos para eliminar de la competencia internacional a los grupos afectados, y un par de años para hacerlos completamente marginales y obsoletos. Es cierto que mucho de lo que se publica en ciencia actualmente es redundante y hasta reiterativo (sobre todo en los países del Primer Mundo que han caído en la trampa del *publish or perish*), y que de las 50 000 publicaciones periódicas anuales que existen hoy, no más de 1% contienen más de 90% de la buena información externa. Pero aun considerando estas posibles fuentes de ahorro, el gasto requerido para llenar las necesidades actuales de información *externa* de la comunidad científica mexicana está muy por encima de los presupuestos asignados.

El destino de las bibliotecas personales, que muchos investigadores científicos iniciamos, algunos hace ya muchos años, ha sido todavía más dramático. Como la mayoría de los libros y de las publicaciones periódicas fijan su precio en dólares, nos hemos visto obligados a suspender todas las nuevas adquisiciones y, en no pocos casos, a cancelar muchas o todas las suscripciones. Esto lo hemos hecho con la esperanza de que las bibliotecas institucionales cumplieran con su función y llenaran ese hueco; como mencioné anteriormente, tal esperanza no se ha cumplido.

Una buena parte de la explicación de esta disparidad entre lo necesario y lo disponible proviene de la estructura del sistema científico de México. En ningún campo se ejemplifica mejor este aspecto del problema que en las ciencias biomédicas. Cada centro, instituto, escuela o facultad universitaria relacionados con la salud (son siete), cada uno de los institutos nacionales de salud de la SS (son siete), y muchos de los hospitales del IMSS, del ISSSTE, de la misma SS, y otros más todavía, tienen sus propias bibliotecas. No sólo eso, sino que aun dentro de varias de las instituciones mencionadas (las de mayor tamaño), los grandes departamentos también poseen sus propias bibliotecas especializadas. Vale la pena mencionar este hecho porque no sólo explica que los presupuestos para asegurar el libre flujo de la información externa en los sistemas científicos mexicanos se hayan hecho rápidamente insuficientes, sino también (como se verá en un momento) porque contiene el germen de una posible solución al problema.

ii] *Insuficiencia de información interna.* Este conjunto de problemas también se reconoció en todas las áreas de la ciencia representadas en el ciclo de conferencias. De una u otra manera, todos los participantes señalaron que la magnitud de la generación de nuevos conocimientos es baja o francamente pobre en la ciencia mexicana. Aun en los campos más desarrollados y con mayor tradición (como la física o la sismología) se expresaron deseos de que las comunidades de científicos activos y productivos fueran mayores. En biología se nos hizo un repaso magistral y doloroso de todo lo que todavía no sabemos respecto a nuestro propio país, de la pobreza de nuestras colecciones (no sólo comparadas con las de otros países, sino con lo que todavía existe en México sin colectar), del peligro inminente en que se encuentran de desaparecer, de la tremenda urgencia que existe por aumentar, a paso redoblado, la generación de información *interna*. En química industrial se examinó con gran claridad el papel desempeñado por los bancos de datos en el diseño de procesos y se hizo hincapié en la necesidad de que tales bancos (algunos pocos existen ya, pero la mayoría requieren ser generados de múltiples fuentes para propósitos específicos) se establezcan en México, quizá como resultado del esfuerzo de un grupo capacitado de técnicos universitarios. En medicina se hizo hincapié en que muchos de los problemas de salud que afectan a México no son prioritarios para los países del Primer Mundo, en vista de que nuestra patología corresponde a una economía de la pobreza, en lugar de la de abundancia; por lo tanto, la información que necesitamos para enfrentar tales problemas no pueden ser *externa* sino *interna*, o sea, generada por nosotros mismos. Y eso es precisamente lo que no ocurre, u ocurre en forma insuficiente, sobre todo porque existen muy pocos grupos de investigadores, muy pobremente financiados, que se ocupan de tales problemas. También se señaló que existen fuertes intereses transnacionales para evitar que la situación cambie y México pueda aspirar a cierto grado de autosuficiencia en la investigación y elaboración de medicamentos, contemplada no como negocio privado sino como servicio público. En otras disciplinas científicas se registraron problemas similares.

iii] *Bloqueo en el flujo de información entre científicos y usarios no científicos.* Este grupo de problemas también fue mencionado por todos los conferencistas, pero con variaciones muy amplias en su importancia y magnitud. En realidad se trata en gran parte del grado de comunicación que se ha logrado entre los generadores de la información *interna* (los investigadores científicos) y sus posibles usuarios industriales. En algunas disciplinas (sismología, ingeniería, ciertos aspectos de química industrial, y otras) los caminos están completamente abiertos y existe libre flujo y aprovechamiento de la información generada por los científicos por parte de sus usuarios industriales. En otras áreas científicas físicas, químicas y biomédicas se han hecho buenos intentos iniciales por romper este bloqueo, pero todavía persiste en gran medida la costumbre de ignorar a la ciencia mexicana y simplemente (pero onerosamente) comprar la información *externa* (o tecnología) en el extranjero. Y no podemos pasar por alto el hecho de que varias disciplinas científicas de México, que han alcanzado un grado de desarrollo de excelencia (como ciertas áreas químicas y biomédicas), son totalmente ignoradas y hasta despreciadas por las empresas mexicanas y/o transnacionales, que sistemáticamente persisten en su tradición de plantear sus problemas técnicos y científicos a grupos extranjeros, pagar muy caro y en dólares por la información, y seguir ciegamente sus indicaciones, aunque estén formuladas para un grupo económico-social diferente.

Este grupo de problemas también se da cuando se bloquea el flujo de información entre científicos y administradores. El bloqueo puede ser periférico, o sea, ocurrir entre un investigador o un grupo de investigadores y alguna instancia administrativa local; casi siempre se debe a estática en la comunicación, generada por la suma algebraica de impaciencia y arrogancia por parte del investigador, y de testarudez e ignorancia por parte del administrador. Pero no porque sea local debe considerarse menor o despreciable; este mecanismo ha sido responsable de la destrucción de más de un grupo productivo de científicos mexicanos. Se trata de una realidad de nuestro medio que amenaza con aumentar su importancia, y no precisamente por el incremento en el número de investigadores científicos, sino por la proliferación casi neoplásica de los administradores.

iv] *Bloque en el flujo de información interna entre científicos*. Como mencioné antes, este grupo de problemas era el único que inicialmente se contemplaba como el tema general del ciclo de conferencias. Se trataba de responder a la pregunta ¿cómo usa el científico mexicano la información científica generada por sus colegas de México? Todavía hoy creo que la pregunta es interesante y que las respuestas dadas a ellas por los diferentes expertos invitados hubieran iluminado algunos rincones no frecuentemente visitados por los analistas de la ciencia mexicana. Desde luego, el fantasma del "malinchismo" asoma aquí su fea pero conocida cabeza, el problema de la calificación de los trabajos publicados en revistas nacionales *versus* los aparecidos en revistas internacionales se antoja relevante, y también podría incluirse con toda justicia algo sobre la calidad y la distribución de las revistas científicas nacionales.

Sin embargo, la pregunta específica se refiere al uso de información científica generada por mexicanos, por sus colegas de México. Tendríamos que saber por lo menos tres cosas fundamentales: *a*] la frecuencia con que los científicos mexicanos incluyen en sus lecturas técnicas lo publicado por otros investigadores de nuestro país; *b*] el grado de credibilidad que les conceden, y *c*] las veces que tal información *externa* ha contribuido a que el investigador o el grupo interesado genere información *interna*. Desde luego, esta información no existe en forma estadísticamente aceptable, por lo que debemos refugiarnos en las apreciaciones parciales basadas en anécdotas. Aclaro que no tengo nada en contra de tales apreciaciones, cuando se las toma en su justo valor. Dicho esto, agregaré que varios conferencistas hicieron referencia al problema y sus comentarios reflejaron un nivel bajo de atención a las publicaciones de sus colegas mexicanos, basado en poca credibilidad y, por lo tanto, escasa contribución de esa información *externa* en la generación de su propia información *interna*. Personalmente creo que esta conclusión está sujeta a la crítica personal de cada uno de nosotros. Cada quien en su propio campo de trabajo conoce y aprecia a uno o varios colegas que también trabajan en México y cuyas contribuciones no sólo le interesan sino que han participado de manera crucial en la generación de nuestra propia información *interna*. Quizá esta discrepancia entre las conclusiones generales y los juicios personales sea una de las manifestaciones más claras del subdesarrollo.

Naturalmente, cada conferencista abundó con ejemplos atinados y detalles relevantes y precisos de los múltiples problemas relacionados con el libre flujo de la información en su área científica particular, contribuyendo con sus conocimientos y juicios especializados a enriquecer el tesoro que finalmente se acumuló en este ciclo de conferencias. El resumen que les he presentado de los múltiples problemas generales discutidos en las conferencias sólo puede aspirar a ser un pálido e inadecuado reflejo de toda la sabiduría y experiencia vertidas en ellas. Pero deseo agregar que, aunque pálido e inadecuado, este resumen también pretende ser fiel y razonablemente completo.

ALGUNAS SOLUCIONES POSIBLES

Finalmente voy a ocuparme de resumir las sugestiones concretas que mis eminentes invitados sugirieron para resolver, o por lo menos atenuar, algunas o muchas de las dificultades señaladas en el uso de la información científica en México. En lo que sigue voy a adoptar el mismo orden de los cuatro problemas generales detectados en el libre flujo de información en las diferentes disciplinas científicas.

La biblioteca nacional de biomedicina

¿Cómo enfrentar al grupo de problemas creado por la disminución en el flujo de la información científica *externa*? Como ya vimos, este problema osciló entre grave y trágico en las distintas áreas de la ciencia en México. Claramente surgido de la crisis económica actual, en algunas ramas del quehacer científico reconoce raíces tradicionales anteriores a la crisis y, por lo tanto, abre la puerta a posibles soluciones, desgraciadamente todas difíciles y transitorias. Cuando inflación y devaluación reducen el poder adquisitivo de nuestra moneda a niveles ínfimos, *todos* los libros y revistas son caros; pero también son caros los frijoles, la gasolina y las camisas, por mencionar solamente artículos de consumo *casi* general. Frente a este tipo de emergencia económica, lo primero que se ocurre es revisar la manera como se ha estado gastando el dinero, en búsqueda de posibles reducciones que no se opongan a la conservación de la función importante, que en este caso es mantener el flujo libre de información científica *externa*. De esta revisión surge que, como ocurre en muchas otras cosas, la estructura del sistema mexicano de adquisición de información científica *externa* es semejante a la de la mayoría de los países del Primer Mundo, mientras que nuestras posibilidades económicas de hoy pertenecen al Tercer Mundo. El ejemplo de las bibliotecas de ciencias biomédicas es quizá el mejor de todos: con la inversión (por el sector público) de una cantidad enorme de recursos, actualmente se sostienen en el Distrito Federal y en Cuernavaca más de 20 bibliotecas que contienen más del 90% de los *mismos* títulos de publicaciones periódicas; al mismo tiempo, esta selva de bibliotecas biomédicas especializadas se divide entre sí un presupuesto total limitado para la adquisición de nuevos libros, el mantenimiento de colecciones y la impresión y distribución de boletines. Lo primero que se ocurre cuando llegan las reducciones es cortar por lo sano, reunir los presupuestos en uno y hacer una sola gran biblioteca nacional de ciencias biomédicas, donde se reciban *todas* las publicaciones periódicas necesarias (adquiriendo dos copias de las más solicitadas) y *todos* los libros indispensables para mantener el flujo de información *externa* requerido como insumo para la generación de la información *interna*.

Estoy convencido de que este tipo de solución al grave problema de la insuficiencia actual en el flujo de la información *externa* no solamente es racional y lógico, sino que además ni siquiera es nuevo: lo han adoptado desde hace muchos años los países del Primer Mundo, que a primera vista parecerían no necesitarlo. Yo he pasado ya cuatro veranos en un sitio maravilloso: la biblioteca llamada "Francis A. Countway", anexa a la Escuela de Medicina de la Universidad de Harvard, en Boston, Estados Unidos. Son siete pisos repletos de las colecciones más completas de todas las publicaciones periódicas importantes en biomedicina (y muchas no tan importantes) en el mundo, y de *casi* todos los libros que se han publicado y se publican actualmente en el mismo campo en el hemisferio occidental. Naturalmente, en la Universidad de Harvard hay muchas otras bibliotecas médicas, pero ninguna se compara en riqueza de contenido y calidad de servicio con la Countway. Pero con toda su excelencia, la Countway no es la mejor biblioteca biomédica del vecino país del norte; la supera en muchos aspectos (aunque no en todos) la Biblioteca Nacional de Medicina, en Bethesda (un suburbio de Washington, donde también se encuentran los famosos Institutos Nacionales de la Salud de Estados Unidos). Lo que estoy diciendo es que los países del Tercer Mundo deberíamos aprender las lecciones de economía que nos dan gratuitamente los del Primer Mundo: en lugar de tener 20 bibliotecas tristemente incompletas y destinadas a ser cada vez menos eficientes, hagamos solamente una pero que sí cumpla con su función de mantener el flujo de información *externa* necesario para el desarrollo de las ciencias biomédicas en México durante la crisis y después de ella.

La necesidad urgente de apoyo real y prioritario a la ciencia mexicana

El problema de la escasa generación de información *interna* es el sempiterno problema de la comunidad científica mexicana, es la raíz misma de nuestro subdesarrollo. Como hijos de la Madre Patria Hispana, los mexicanos no participamos de la revolución científica del siglo XVII ni de la revolución industrial que la continuó en los dos siglos siguientes. No fue sino hasta después de 1938 —lapso en el que súbitamente el país adquirió conciencia de su individualidad y de su responsabilidad interna ante el futuro— cuando aparecieron los primeros reconocimientos embrionarios del papel de la ciencia en la transformación del mundo medieval en moderno, y cuando se generaron los primeros apoyos oficiales, tímidos y más bien simbólicos, a la ciencia mexicana. Tuvieron que transcurrir más de 20 años para que se fundara el Cinvestav, el primer esfuerzo serio para producir ciencia de nivel internacional en forma profesional en una institución mexicana de educación superior: el Instituto Politéctico Nacional. Pero pasaron casi 40 años más para que surgiera la idea de Conacyt, un organismo oficial encargado de promover y apoyar económicamente a la ciencia, y casi 50 años más (a partir de 1938) para que se creara el Sistema Nacional de Investigadores, un programa de estímulos económicos a los científicos del país, basado en su productividad y su excelencia profesional, calificadas por los mismos científicos.

Todos los conferencistas que participamos en este ciclo, incluyéndome a mí en este día, coincidimos en que uno de los problemas más graves del uso de la información científica en México es la pobreza cuantitativa de nuestra información *interna*. Con todo el respeto y la admiración que les debemos a nuestros predecesores y maestros, no parece sacrílego preguntarnos por qué los científicos mexicanos generamos hoy tan poca información *interna*. Obviamente, la respuesta a una pregunta tan compleja tiene que ser igualmente elaborada, pero, como quiera que sea, deberá hacer referencia por lo menos a dos aspectos fundamentales, que son: *i*] la tradición histórica del campo especial de que se trate, y *ii*] el número *real* de investigadores genuinamente ocupados en producir conocimientos nuevos en ese mismo campo. En última instancia, estos dos aspectos se reflejan en el número de publicaciones científicas hechas en una área más o menos bien definida. Según estos criterios, que por cierto no son ni originales ni especialmente rigurosos, en general nuestra tradición científica es (en el mejor de los casos) no mayor de 25 años, y poseemos un promedio de 0.7 investigadores por cada 100 000 habitantes.

Ante tal situación, una de las conclusiones más unánimes de este ciclo de conferencias es que la ciencia está dolorosa y peligrosamente subdesarrollada en México, y que es indispensable que el Estado decida si realmente la considera o no prioritaria. La decisión que se requiere no es de palabras sino de hechos; desde hace ya muchos años los científicos y el público mexicanos estamos sometidos a una campaña en favor del desarrollo que incluye, a veces en forma prominente, a la ciencia y a la tecnología. Pero tal campaña ha sido más de ruido que de nueces, y desde hace cinco años los científicos hemos visto la reducción progresiva e implacable de los aportes necesarios para realmente crecer y multiplicarnos. Frente a la crisis actual, el Estado ha adquirido una postura monotemática: "hay que pagar la deuda". Ésa es la máxima y única prioridad, la que toma precedente sobre todos los demás problemas, sobre el desarrollo del país y sobre el nivel de vida de los mexicanos.

Los conferencistas participantes en este ciclo hemos estado de acuerdo, de manera explícita o implícita, en que tal política es un error muy grave y que puede tener consecuencias negativas que alcancen hasta a nuestros nietos. Ni México (ni ningún país) puede reducirse a los términos de una operación bancaria; los bancos se inventaron para servir al público, y no al revés. Si en una operación bancaria se plantea la disyuntiva de escoger entre el sufrimiento de la gente y el de la institución, no debería haber la menor duda sobre el sentido de la decisión. Lo que asusta y preocupa de la situación actual es que, ante la disyuntiva, el gobierno parece haber decidido (tanto de palabra como de hecho) que el que sufra sea el pueblo mexicano y no los bancos norteamericanos.

La mejor difusión de la capacidad y de la calidad de la ciencia mexicana

Los mecanismos que interfieren con el flujo libre de la información entre los científicos que la generan y los usuarios que la requieren y la explotan también resultaron ser muchos y muy distintos, pero casi todos pueden acomodarse dentro de una de las tres categorías siguientes: *i*] *ignorancia* de la capacidad mexicana para generar información relevante, o hasta de la existencia misma de tal información; *ii*] *desconfianza* de los posibles usuarios en la ciencia y tecnología de México, aunque sepan de su existencia (aquí es donde asoma su fea cabeza lo que se conoce como "malinchismo", que resulta ser más bien un fantasmón tradicional que un elemento frecuente en este problema); *iii*] *incapacidad* o *desinterés* de los científicos mexicanos para vender su información especializada a los posibles usuarios.

Las soluciones propuestas para estos problemas fueron interesantes y casi todas ellas basadas en experiencias exitosas. Se habló de reuniones de científicos con líderes industriales que potencialmente podrían interesarse en explotar la información *interna* generada por los primeros, de encuentros iniciales entre investigadores y posibles usuarios que fracasaron, así como de varias historias de contactos entre científicos y hombres de empresa que tuvieron un final feliz o que parecen inevitablemente destinadas a él. Lo que llamó la atención fue el número tan restringido de instancias de éxito de esta interacción, considerando la inmensa variedad posible. Es indudable que en esta área, de la utilización práctica e industrial de la información generada por la comunidad científica mexicana, todavía estamos muy atrasados y nos falta mucho camino por recorrer. Por encima de todo, lo que necesitamos es el desarrollo de nuevas técnicas para fomentar tal interacción; las del Primer Mundo ni nos satisfacen ni nos convienen. El peligro principal aquí es transformar a la gran dama que es la ciencia en una vulgar prostituta; desconozco la solución a tan grave problema.

Mejorar las publicaciones científicas mexicanas

Finalmente, es indudable que el problema de la dificultad en el flujo de la información entre los mismos científicos constituye una manifestación más de nuestro subdesarrollo. Es necesario mejorar los canales de difusión, así como las publicaciones periódicas, los congresos y los seminarios; es indispensable darle más peso académico a los artículos que los investigadores mexicanos publicamos en nuestras revistas nacionales, y también es impostergable investigar cuál es el destino final de los artículos que se publican en México, porque todavía no lo sabemos a ciencia cierta. Todo lo anterior está dentro del marco de lo posible, pero necesita de apoyo suficiente y mantenido durante un periodo razonable, no menor a 10 años, para que empiece a dar sus primeros frutos.

CONCLUSIÓN GENERAL

La conclusión general que he podido formarme de estas conferencias es que los problemas del flujo de la información científica en México no son más que un síntoma de una enfermedad muy grave que padece la ciencia en nuestro país. Éste no es el único síntoma, sino que hay varios otros, entre los que podrían citarse el bajo número de investigadores por 100 000 habitantes, el escaso apoyo que reciben sus investigaciones, al incierto futuro de los científicos en esta crisis actual, la fuga de cerebros, la disminución en la matrícula universitaria en carreras de tipo científico, la pobreza de los programas de posgrado en esas mismas carreras, el número mínimo de estudiantes inscritos en maestrías y doctorados, etc. Todos esos síntomas provienen del padecimiento de base, que es la decisión *de hecho* del Estado de no considerar a la ciencia como una prioridad nacional. Naturalmente que tal decisión no se ha hecho pública, sino todo lo contrario: el estilo de moda es hablar de la importancia de la ciencia y la tecnología en el desarrollo de México y prometer que habrá recursos para que marche bien. Pero en el nivel operacional, la realidad es otra: la ciencia ha sido siempre y hoy sigue siendo completamente secundaria y hasta superflua en nuestro país, a juzgar por el apoyo que *verdaderamente* recibe y por la atención que *verdaderamente* se le presta.

fotocomposición y formación: prisma editorial, s.a.
impreso en editorial romont, s.a.
presidentes 142 - col. portales
del. benito juárez - 03300 méxico, d.f.
tres mil ejemplares y sobrantes
23 de noviembre de 1988